CIRCULER DEMAIN

La collection *Monde en cours*
est dirigée par Jean Viard

Série *Prospective et territoires*
animée par Jean-Louis Guigou

Dans la même série

Naissance de nouvelles campagnes, Bernard Kayser

La Méditerranée inquiète, Xavier Gizard

Destins atlantiques. Entre mémoire et mobilité, Jacques Beauchard

La planète au village. Migrations et peuplement en France, Hervé Le Bras

Le continent retrouvé, Michel Foucher, Jean-Yves Potel

Les villes, lieux d'Europe, Alain Sallez

Les nouveaux espaces de l'entreprise, Michel Savy, Pierre Veltz

Entre l'Europe et la décentralisation. Les institutions territoriales françaises, Jean-Claude Némery, Serge Wachter

Les territoires du futur, ouvrage collectif *(à paraître)*

ISBN 2-87678-126-3

Circuler demain

dirigé par Alain Bonnafous,
François Plassard, Bénédicte Vulin

datar / éditions de l'aube

Avant-propos

Pour cerner les conditions dans lesquelles nous serons amenés à circuler dans les années qui viennent, il convient de mettre en évidence les grandes tendances qui sont à l'œuvre aujourd'hui, et aussi d'évaluer les forces de transformation susceptibles d'infléchir durablement les comportements. Mais, qu'il s'apppuie sur les tendances passées ou sur les changements à venir, tout effort de prospective est dépendant de l'état actuel des connaissances. C'est cette logique, qui consiste à partir du mieux connu pour aller vers les conjectures, qui a présidé aux travaux du groupe de prospective "Transports" de la Délégation à l'aménagement du territoire et à l'action régionale et dont résulte cet ouvrage [1].

En partant des grandes tendances repérables dans les années passées, Alain Bonnafous identifie, dans le chapitre 1, "les capacités de chaque mode à relever les défis du futur". Mais les décisions qui devront être prises, aussi bien en termes de construction de nouvelles infrastructures qu'en termes de régulation par les prix, renvoient aux acteurs et aux institutions. Le cadre dans lequel seront prises ces décisions est en pleine évolution, comme le montre Bénédicte Vulin dans le chapitre 2 : des conflits de légitimités territoriales naissent des insuffisances des lois de décentralisation et appellent donc à un éclaircissement des règles du jeu.

Mais on sait bien, comme le montre François Plassard dans le chapitre 3, qu'il y a un conflit entre l'objectif d'une politique de transports, qui consiste à satisfaire les besoins de déplacement des biens et des personnes aux moindres coûts pour la collectivité, et celui d'une politique d'aménagement du territoire, qui consiste à rechercher un développement équilibré de l'espace. Le premier de ces objectifs est d'autant mieux satisfait que les flux sont massifiés, mais cette situation représente tout le contraire de ce que peut souhaiter un aménageur. Et l'on peut douter que le développement des télécommunications inverse cette logique.

Le développement des réseaux rapides renforce de façon croissante les fonctions nodales (aéroports, nœuds autoroutiers, gares d'interconnexion des TGV), aussi bien pour les transports de personnes que pour les transports de marchandises. Le développement des fonctions logistiques, dont la répartition spatiale se concentre de plus en plus dans un petit nombre de lieux privilégiés, comme le montre Jacques Colin dans le chapitre 4, renforce cette logique de radialisation des systèmes de transport.

On peut alors se demander, comme le font Fabien Leurent et Francis Papon dans le chapitre 5, en analysant des expériences récentes, si des mesures de régulation et de tarification spatialisée des infrastructures de transport ne sont pas à même d'infléchir ces tendances à la radialisation des réseaux et à la massification des flux.

Ces réflexions prospectives, qui repèrent éléments de permanence et indices de changement, se heurtent cependant à des insuffisances dans le domaine des connaissances. Si l'on admet aujourd'hui que tous les lieux n'ont pas la même facilité d'accès aux divers modes de transport rapide (aérien, TGV et autoroutes), induisant donc une discrimination spatiale, nous ne sommes pas en mesure de prévoir quels pourront être, dans la durée, les effets d'une faible accessibilité. En effet cette question comporte une importante composante méthodologique en matière de sémiologie de l'accessibilité et de cartographie : qu'il s'agisse de repérer ces zones d'ombre, d'en étudier l'évolution ou de concevoir des mesures spécifiques d'aménagement, il faudra bien caractériser des niveaux d'accessibilité aux modes rapides et se doter de représentations spatiales de ces nouveaux enclavements. Les recherches qui ont été mises en œuvre renouvellent les approches de l'accessibilité :

Dans le chapitre 6, Colette Cauvin, Jean-Paul Martin et Henri Reymond montrent comment, au niveau européen, une nouvelle hiérarchie urbaine se met en place. Une démarche semblable mais complémentaire de Denis Martouzet, Philippe Mathis et Nadine Polombo (chapitre 7) montre les nouvelles cartes européennes des temps de déplacement qu'est à même de générer le développement de la grande vitesse. Enfin Étienne Auphan, Pascale Dancoisne, Konrad Schliephake et Jean Varlet montrent (chapitre 8) comment on peut passer de la distance-temps à la distance-coût et produire ainsi une nouvelle représentation de l'accessibilité homogène avec les représentations usuelles du calcul économique.

Des problèmes inédits vont ainsi se poser qui ne sont qu'une forme nouvelle de la problématique des transports et de l'aménagement du territoire. Ce ne sont plus les seules dualités entre régions fortes et régions faibles, entre un axe hégémonique et son arrière-pays, ni même entre le centre et la périphérie qui sont en jeu, mais bien une dualité nouvelle qui apparaît entre les pôles qui se constituent en réseau et les espaces moins bien dotés. Si l'on fait l'hypothèse, simplificatrice mais inquiétante, selon laquelle les activités tendront à se concentrer autour de pôles proches d'une gare de TGV, d'un aéroport de bon niveau ou d'un nœud autoroutier, on peut s'attendre à un différentiel de croissance fort et durable entre ces pôles favorisés et le restant du territoire à l'intérieur des grandes mailles ainsi formées. Plus généralement, un processus de dualisation peut en résulter, entretenu notamment par les migrations démographiques vers les pôles.

Seules des politiques coordonnées de transport et d'aménagement peuvent venir contrarier ce type de scénario-catastrophe dans les espaces creux concernés, même si l'on doit admettre que les fondements méthodologiques de telles politiques ne sont pas clairement établis. C'est pourquoi Alain Bieber, Marie-Hélène Massot et Jean-Pierre Orfeuil s'interrogent (chapitre 9) sur le devenir des pratiques de mobilité quotidienne : en fonction de l'évolution de l'expansion urbaine, de la plus ou moins grande spécialisation spatiale et de la dynamique économique, on peut voir poindre des formes et des grandeurs de mobilité très différenciées.

C'est une problématique très vaste que cet ouvrage embrasse. Même si le devenir des transports laisse entrevoir un futur proche plutôt inquiétant, l'espace dans lequel nous vivrons et, plus tard encore, celui dans lequel vivront nos enfants est loin d'être déterminé. L'examen des problèmes que posent les évolutions de la mobilité et les transformations du système de transport, et la certitude de l'insuffisance de solutions simples auxquelles la mode donne une efficacité illusoire sont les éléments qui permettront d'agir sur les facilités de transport sans détériorer définitivement notre espace.

Cet ouvrage souhaite permettre au plus grand nombre d'amorcer ou de poursuivre cette réflexion.

A.B., F.P., B.V.

1 Voir, en fin d'ouvrage, la composition du groupe de prospective. Les points de vue exprimés ici n'engagent que leurs auteurs.

Chapitre 1
Circuler en 2000-2010

Alain Bonnafous *

La lecture d'un exercice prospectif réalisé juste après le premier choc pétrolier et visant les transports de 1992 enseigne que les scénarios proposés auraient d'autant mieux résisté à l'épreuve du temps qu'ils auraient choisi de privilégier la continuité plutôt que la rupture, tout en s'efforçant de tirer les conséquences des évolutions qui, il y a presque vingt ans, étaient déjà visibles et interprétables ; ils auraient, en outre, appuyé la réflexion sur la compréhension de la dynamique des modes concurrents et pris en compte, enfin, les transformations de systèmes dont le transport n'est qu'un sous-système, comme le système urbain par exemple.

À un horizon de dix à vingt ans, l'exercice paraît raisonnable si ces précautions sont prises. Ainsi peut-on explorer, pour chaque grand segment des activités du transport, d'une part ce que pourrait être l'évolution des besoins des transports liés aux transformations de la société et, d'autre part, les mutations techniques et organisationnelles que l'on peut attendre des modes de transport. C'est par confrontation de ces deux évolutions que seront repérés les avenirs probables du système, ce qui veut dire aussi les capacités de chaque mode à relever les défis du futur.

Trois segments d'activité correspondent aux trois "marchés" séculaires des transports : les transports de marchandises, les transports interurbains de voyageurs et les transports urbains.

---

* Laboratoire d'économie des transports.

Production et écoulement des marchandises

Il y a aujourd'hui un certain accord sur les évolutions de long terme du système productif et de sa distribution spatiale. Si les phénomènes de concentration financière et d'internationalisation semblent devoir se poursuivre pour longtemps, une déconcentration spatiale continuera à accompagner le phénomène. Le modèle dominant, il y a cinquante ans, était celui d'un ensemble industriel produisant, en un même lieu, une gamme de produits finis et la plupart des produits intermédiaires, le marché de cette production étant, au mieux, celui d'un espace national. Le modèle qui s'impose progressivement aujourd'hui, et qui ne semble pas devoir être remis en cause dans les prochaines années, est celui d'unités de production spécialisées dans un seul produit (ou du moins dans un très petit nombre), la gamme complète étant produite sur diverses localisations et souvent dans plusieurs pays, ainsi, bien entendu, que les produits intermédiaires. Ces usines spécialisées de produits finis ont donc vocation à servir des aires de marché beaucoup plus vastes et les usines de produits intermédiaires sont appelées à approvisionner des destinations plus nombreuses et plus lointaines. Bien entendu, le passage d'un modèle à un autre n'a rien de mécanique et il ne s'agit là que de grandes tendances.

L'espace et le temps de la production

La localisation de la production tend ainsi à se diffuser dans l'espace. Les flux de marchandises générés s'en trouvent transformés : plus lointains, ils sont aussi moins massifiés. Cette tendance est accélérée sur le continent européen par le fait qu'une part croissante des matières premières pondéreuses provient d'autres continents. Qu'elles arrivent brutes ou transformées, elles sont de plus en plus traitées dans les zones industrielles d'arrière-port d'où repartent des produits ouvrés ou semi-ouvrés vers de multiples destinations.

Les produits, expédiés plus loin mais moins massifiés, changent en outre de nature, selon une évolution tendancielle qui consiste à incorporer de moins en moins de matières premières et de plus en plus de valeur ajoutée à un même volume de produit. Cela ne vise plus seulement l'organisation spatiale et l'écoulement de la production, mais également l'évolution de la structure de la demande des biens de consommation ou d'investissement : moins de bougies mais plus de caméscopes, moins de pioches mais plus de composants électroniques sont transportés.

Les conséquences pour l'organisation des flux en est considérable. À l'ère du moindre coût succède l'ère du plus rapide et du plus fiable ou plutôt, devrait-on dire, du moindre coût généralisé. L'immobilisation de produits à forte valeur ajoutée étant coûteuse, la rapidité du transport devient un enjeu économique majeur, de même que la minimisation des stocks. À la logique de la massification se substitue ainsi celle des flux tendus.

Réponses modales et réponses nodales

Les modes de transports continentaux ne sont évidemment pas pareillement armés pour relever le défi de ces transformations structurelles de la demande de transport de marchandises. Pour tous cependant, d'importantes mutations technologiques ont été enregistrées. Les parts de marché ne s'en inscrivent pas moins sur des tendances lourdes.

Le transport fluvial, en dépit d'une extension de son réseau à grand gabarit, du développement des convois poussés et de ses installations logistiques et d'un succès relatif du fluvio-maritime, voit grignoter ses parts de marché même là où son réseau est exceptionnellement dense et où les zones industrielles sont "mouillées". Il est destiné à irriguer quelques longs et étroits corridors d'industries lourdes, traditionnellement inscrits dans l'espace européen. On ne peut scruter son avenir sans observer que le fret sur le Saint-Laurent a diminué alors même que les zones desservies connaissaient, à partir de 1983, une période de croissance industrielle spectaculaire de leur histoire. Or, il s'agit d'un axe fluvial qui, sur les 3500 kilomètres qui relient l'océan au fond du lac Supérieur, compte moins d'écluses que les 220 kilomètres du projet de la Saône au Rhin, et qui supporte des navires dont le tonnage est plus de dix fois supérieur à celui qu'autorise le gabarit européen. Même si, pour certains experts, l'analogie doit être considérée avec prudence, elle nous suggère que les autres modes auront peu à craindre la contestation de leurs marchés par le transport fluvial.

Par contraste, le transport routier a bénéficié en quelques générations d'une amélioration remarquable des infrastructures, avec le développement des réseaux autoroutiers, et des progrès techniques des véhicules. Ainsi a-t-il pu bénéficier d'une augmentation sensible de sa vitesse commerciale tout en conservant son atout fondamental qui est de pouvoir desservir la totalité des destinations utiles ; de même, il a pu contester au chemin de fer le marché de la longue distance qui lui était traditionnellement dévolu.

Pour l'avenir, ces facteurs d'amélioration de l'efficacité du transport routier ne devraient pas connaître de sauts qualitatifs considérables. Certes, les réseaux autoroutiers seront complétés et les routes secondaires vraisemblablement améliorées. Des moteurs plus puissants vont apparaître, qui permettront d'améliorer la vitesse dans les régions accidentées. Mais les normes de poids, de charge à l'essieu et de dimensions tendent vers des limites faisant

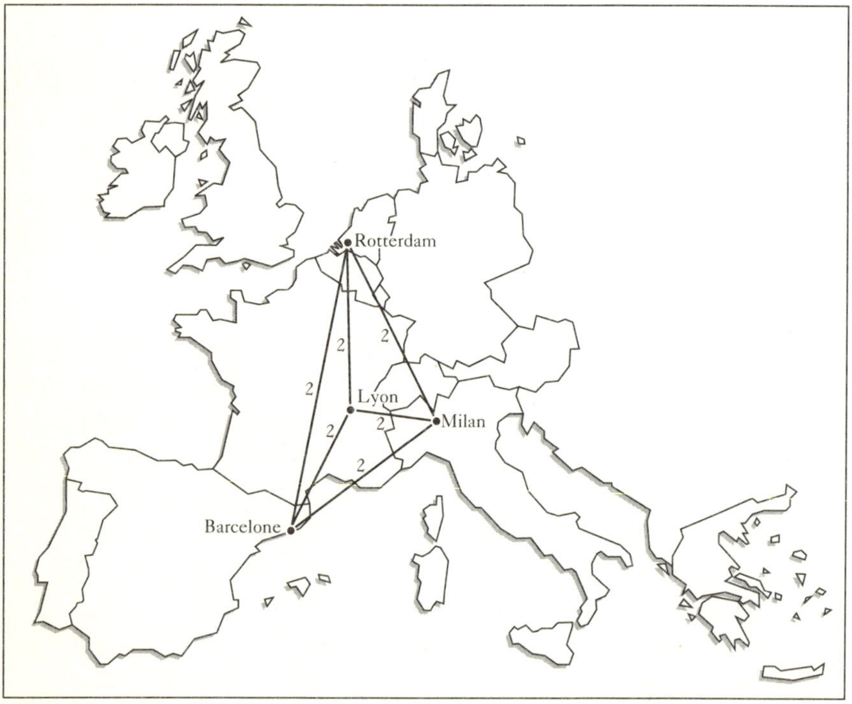

Hypothèse de 2 relations hebdomadaires

Fig. 1 — Exemple schématique de flux directs

l'objet d'un consensus international et devraient être stabilisées pour longtemps. C'est donc dans le facteur vitesse qu'existe encore un fort potentiel d'amélioration, d'autant que lorsque ce facteur devient crucial pour satisfaire la demande, le transporteur peut recourir à des véhicules de plus petites dimensions, mais autorisés à de plus grandes vitesses : en France, par exemple, 130 kilomètres à l'heure pour les moins de 10 tonnes. Les gains de temps seront en outre favorables à l'extension des distances compatibles avec des temps de conduite légaux. On peut donc s'attendre pour longtemps encore à une agressivité croissante du transport routier sur la longue distance, en particulier pour tout le marché du fret à flux tendu.

Ce marché sera également contesté par le transport aérien de marchandises mais, à l'échelle du continent européen, seuls la très longue distance et les produits à haute valeur ajoutée seront concernés, sous réserve que les transports terminaux et les ruptures de charge ménagent un temps global de transport compétitif. Le marché de prédilection du fret aérien restera donc plutôt intercontinental.

Quant aux chemins de fer, ils bénéficieront d'importants progrès technologiques. Les gains généralisés de vitesse, l'automatisation du triage, le suivi et la gestion en temps réel de l'écoulement de wagons, les progrès de la technologie multimodale, la mise en place de lignes de marchandise à grande vitesse et l'automatisation de la conduite ne rencontrent aucun obstacle technique insurmontable. Les coûts d'exploitation se rapprocheront, ou même seront plus bas, que ceux du transport fluvial, pour peu que l'activité ferroviaire se concentre sur ses axes lourds. Mais cela suffira-t-il pour le chemin de fer à relever le défi de la route ? Pour répondre à cette question, il nous faut revenir à la dimension spatio-temporelle du problème, dont nous avons vu qu'elle nous conduit vers du transport plus rapide et plus lointain. Pour apprécier les atouts des deux principaux modes concurrents, il convient de préciser deux aspects stratégiques pour cette compétition, et qui sont en outre liés : le remplissage critique et l'efficacité nodale expliquent le phénomène aujourd'hui redécouvert de "radialisation" ou encore du "*hub and spokes*" (moyeu et rayons).

Le phénomène de radialisation

Prenons un exemple fictif simple : imaginons qu'un opérateur ait à assurer six services de transport sur les six relations représentées sur la figure 1 et que, sur chacune de ces relations, il ait trouvé du fret pour assurer deux trajets par semaine et par sens. Cela signifie que le remplissage critique de chaque expédition (un camion ou un train complet) ne lui permet pas d'augmenter ses fréquences car, alors, il ne couvrirait pas ses coûts.

Supposons maintenant que l'opérateur ait la possibilité de recomposer ses expéditions dans la ville centre (figure 2) par une opération de groupage-dégroupage s'il s'agit de transport routier, et par une opération de triage s'il s'agit de chemin de fer. En "radialisant" ainsi les flux, il assure le remplissage critique de six relations par semaine et par sens. Pour les chargeurs, l'avantage, en termes de fréquence, est considérable : alors qu'ils ne disposaient que de deux expéditions hebdomadaires dans le premier cas ils peuvent,

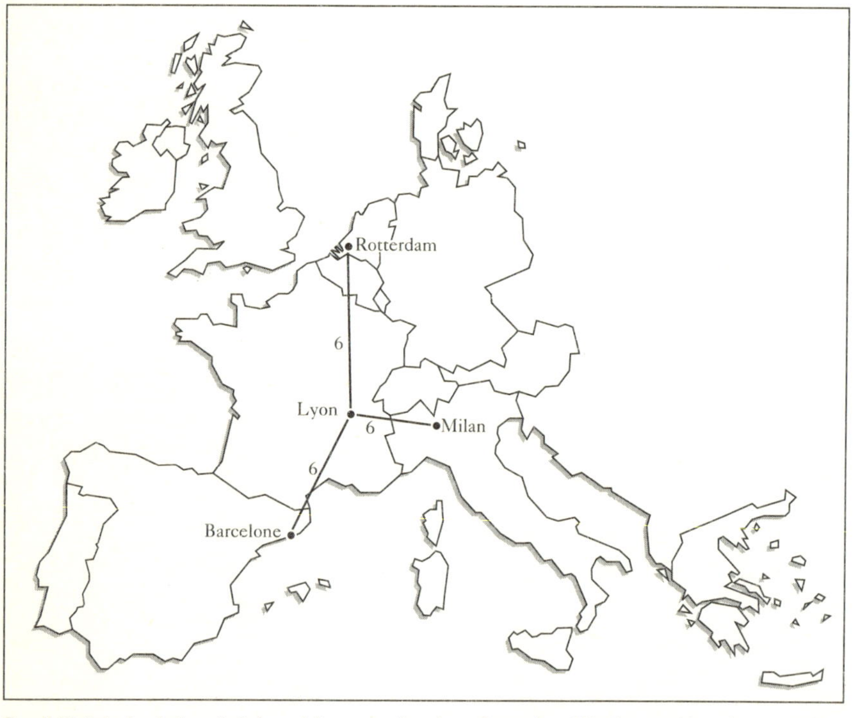

Possibilité de 6 relations hebdomadaires avec la même flotte de véhicules que dans le cas de flux non radialisés

Fig. 2 — Exemple schématique de flux radialisés

dans le second, bénéficier quotidiennement d'un transport dans la journée sur chacune des relations radiales et d'un transport jour A-jour B, sur chacune des relations périphériques de la figure 1.

Bien entendu, le phénomène se complique mais ne change pas de nature lorsque sont en cause un plus grand nombre de relations ou même plusieurs moyeux. La puissance de cette radialisation tient en outre au fait que lorsque n rayons sont ainsi assurés quotidiennement, un rayon supplémentaire permet d'assurer (n+1) relations nouvelles dans chaque sens.

Cette logique est connue de longue date pour les réseaux ferrés et, bien entendu, pour les transports routiers spécialisés dans la messagerie. Les premiers pratiquent depuis longtemps le triage visant à la décomposition-recomposition de trains complets, et les seconds le groupage-dégroupage. Or, c'est à travers ces fonctions nodales que les atouts des deux modes concurrents se trouvent déséquilibrés, tout particulièrement face à la demande de flux tendus. Les termes de cette différence se situent principalement à quatre niveaux :

– Le remplissage critique exige des flux sensiblement moins massifiés pour un véhicule routier que pour un train complet. Ainsi, les rayons de faible importance sont-ils peu propices au transport ferroviaire, ce qui place d'autant mieux le transport routier que les activités tendent à se diffuser dans l'espace.

– Mesuré non point en tonnes traitées mais en nombres de remplissages critiques réalisés, le groupage-dégroupage des lots est sensiblement plus rapide que la décomposition-recomposition des trains. Dans l'hypothèse hautement probable où ces deux fonctions seront un jour intégralement automatisées, la route conservera un avantage de rapidité qui se répercutera sur la durée totale de la prestation de transport.

– Les infrastructures existantes ou à créer laissent une plus grande liberté d'organisation spatiale au transport routier dans la mise en place d'un nouveau rayon, comme dans la localisation du centre. Par exemple, la filiale de la SNCF spécialisée dans la messagerie routière (le Sernam) a choisi d'installer près d'un petit bourg (Montmarault), au centre de gravité du territoire français, son centre national de groupage-dégroupage. Entièrement automatisé et fonctionnant avec moins de cinquante personnes, un tel centre pourrait être déplacé sans difficulté majeure, ce qui n'est évidemment pas le cas d'un nœud ferroviaire.

– Le segment de marché le plus propice à la radialisation est celui de la messagerie et se limite à des lots de petite taille, c'est-à-dire ne dépassant pas les dimensions d'une palette (les lots plus petits étant fréquemment eux-mêmes palettisés). Au-delà, l'avantage du transport routier est moins net car les installations de tri automatique ne sont plus adaptées.

L'avenir du fret ferroviaire

Dans ces conditions, le marché du fret devrait se partager plus nettement encore qu'il ne l'est aujourd'hui entre un transport faiblement massifié, diffus et rapide, qui sera normalement dévolu au transport routier, et un transport ferroviaire réduit à des axes lourds mais performants, au sens où l'écoulement jour A-jour B sera la norme minimale et où les niveaux de productivité seront sensiblement supérieurs à ce qu'ils sont aujourd'hui. Ce processus, déjà très marqué dans plusieurs pays, commence à s'étendre au fret international et, sur ce plan, une nette accélération devrait être enregistrée avec la mise en œuvre du marché unique. Il est clair par exemple que si le modèle d'organisation des flux de la figure 1 est favorisé par le système des autorisations de transport bilatérales, le modèle radialisé devient plus aisément praticable avec le système d'autorisations multilatérales. Ce n'est pas un hasard si, aux États-Unis, cette radialisation a été consécutive à la dérégulation du transport routier international ("*Trucking Act*" de 1980).

En regard de ce repli du ferroviaire, plusieurs créneaux peuvent être cependant considérés comme des créneaux d'avenir pour le rail. En premier lieu, celui du transport combiné qui se situe sur une trajectoire de long terme de croissance et qui devrait trouver, sur le noyau dur du système ferroviaire équipé de chantiers multimodaux performants, de très bonnes conditions de compétitivité sur la longue distance. Cependant, sous les hypothèses les plus optimistes, ce créneau ne devrait pas dépasser le dixième du marché du fret.

Un cas particulier de "ferroutage", que nous appellerons le pont transbordeur, doit également se développer dans une logique proche de celle du tunnel Transmanche partout où le passage du trafic routier est entravé ou physiquement limité. Il en est ainsi du projet de grande traversée nord-sud de la Suisse (qui vient de faire l'objet d'une votation positive) ou encore du projet d'autoroute ferroviaire de la SNCF. C'est à cette logique que pourraient se trouver acculés les pays dotés de grands corridors saturés comme la vallée du Rhin ou la vallée du Rhône. Dans un premier temps, tout du moins, de tels barreaux ne s'inscriront que partiellement dans un réseau ferroviaire maillé et auront plutôt une fonction de complément de la route, une fonction de traversée, ce qui est bien la fonction de ces ponts transbordeurs.

Enfin, le transport ferroviaire de marchandises pourrait bien être ébranlé par l'émergence de la grande vitesse. D'ores et déjà, les profils en long de nouvelles lignes à très grande vitesse sont étudiés pour pouvoir recevoir des trains de marchandises grâce à une limitation des pentes à 12 ‰. Le futur réseau européen de la grande vitesse, dont on peut supposer qu'il sera dans vingt ans fortement maillé, devrait donc pouvoir proposer des services de messagerie à 200 kilomètres à l'heure ou plus de vitesse commerciale, ce qui pourrait conférer une importance retrouvée à la dimension modale par rapport à la dimension nodale. Cela suppose qu'émerge un marché de liaisons "point à point", car la durée des fonctions de triage ferait perdre tout l'intérêt de la grande vitesse. On peut ainsi imaginer que de telles prestations concerneront des mailles très particulières du réseau sur lesquelles se portera une demande de fret suffisante pour assurer le remplissage critique des trains par des produits dont la valeur justifie la grande vitesse. Un petit nombre d'axes lourds devraient être ainsi concernés.

Au total donc, le transport ferroviaire de marchandises aura une géographie de l'offre très différente de ce qu'elle est aujourd'hui : un réseau maillé réduit à des axes lourds, spécialisé sur les pondéreux, et le transport combiné doté d'installations logistiques concentrées et puissantes, avec notamment de grands chantiers rail-route ; quelques grands axes "transbordeurs" de puissant débit ; enfin, des liaisons reliant à grande vitesse et sur longues distances quelques couples de pôles majeurs de l'espace européen.

Mobilité et transport des personnes

L'horizon de dix à vingt ans exige que soient prises en considération les transformations de l'espace qu'il est raisonnable d'entrevoir et, pour cela, la distinction traditionnelle entre les niveaux urbains et interurbains ne peut être imaginée à l'identique. L'espace réceptacle des activités, comme celui des relations sociales, se transforme dans une interaction permanente à mesure que l'évolution du système de transport permet à l'un comme à l'autre de repousser les contraintes de la distance et du temps.

L'espace recomposé

Dans l'Europe qui se dessine sous nos yeux, l'espace n'est déjà plus celui d'une armature urbaine imprimée sur une étendue de campagne : à la notion même de ville se substitue celle de bassin d'emploi, ou encore de région-ville qui se traverse de part en part en moins de temps qu'il n'en fallait pour traverser Paris il y a à peine plus d'un siècle. Indépendamment d'une faible croissance démographique, qui doit marquer notre avenir au moins pour quelques décennies, la croissance urbaine devrait se poursuivre, si l'on veut bien entendre cette notion au sens de l'étendue des bassins d'emploi et des populations qu'ils concernent (et non au sens de la population inscrite dans un périmètre administratif figé). Cette métropolisation sera alimentée tout à la fois par les espaces anciennement ruraux que chaque région urbaine peut gagner sur ses bords et par l'immigration venue des régions en déclin et des espaces peu urbanisés, ou encore des autres continents. L'Europe devrait donc connaître un développement confirmé de ces régions-villes qui seront tout à la fois le lieu d'une mobilité quotidienne intense et des pôles puissants d'émission et de réception de déplacements interrégionaux. Bien entendu, ces centres multimillionnaires s'inscriront dans une armature urbaine hiérarchisée dotée de toute la gamme des villes, avec les pôles de premier et second rangs et jusqu'aux bourgs ruraux. La différence avec la distribution spatiale d'aujourd'hui ne sera donc pas considérable, sinon par l'étendue et le nombre des régions-villes. Il en résultera une augmentation sensible des flux qui les relieront, notamment en raison de l'atténuation des effets de frontières, ainsi qu'une intensification des déplacements quotidiens internes qui les irrigueront (voir, pour un développement de cette réflexion, A. Bieber, M.-H. Massot et J.-P. Orfeuil, chapitre 9).

En effet, la mobilité des personnes sera sensiblement accrue par rapport à la situation actuelle. Le développement de la pulsion sociale pour la mobilité, tel qu'il est observé depuis qu'existent des enquêtes de déplacement, devrait se confirmer pour deux principales raisons. En premier lieu, la différence de mobilité, qui est observée entre les catégories sociales et qui peut tripler entre les catégories extrêmes, nous suggère que l'élévation probable du niveau culturel et du niveau de vie des moins favorisés entraînera un très sensible accroissement de leur mobilité, y compris interrégionale. En second lieu, il est très important de prendre la mesure des effets du vieillissement de la population.

On sait que la mobilité des personnes décroît sensiblement avec l'âge à partir de 50 ans. On pourrait en conclure un peu hâtivement que le vieillissement de la population européenne, inscrit dans les données démographiques actuelles, pourrait provoquer une stagnation, voire une baisse, de la mobilité. Il faut en réalité s'attendre à une évolution exactement opposée en raison des changements de comportement qui sont aujourd'hui observés entre les générations. Les travaux de Jean-Loup Madre sur les comportements des Français en matière de possession et d'usage de l'automobile sont à cet égard particulièrement convaincants. Reposant sur des enquêtes réalisées entre 1966 et 1986, ses analyses montrent que le nombre moyen de voitures par adulte d'un âge déterminé n'a cessé de croître de génération en génération. Ainsi, si l'on considère les adultes arrivés à l'âge de 70 ans, ils possédaient :

– 0,12 véhicule par personne pour la génération née en 1902 ou avant,

– 0,25 véhicule par personne pour la génération née entre 1903 et 1912,

– 0,38 véhicule par personne pour la génération née entre 1913 et 1922.

Bien entendu, les différences sont moins sensibles pour les générations plus jeunes et l'on peut attendre une certaine convergence vers un taux de possession limite pour les générations à naître mais, compte tenu de la démographie probable des survivants en 2000 et au-delà, tout porte à croire que le phénomène ne sera pas stabilisé au tout début du siècle prochain.

À cela s'ajoute un phénomène comparable en considérant la mobilité par véhicule : si, comme le note J.-L. Madre, "le kilométrage moyen décroît presque tout au long du cycle de vie", on observe à âge égal une mobilité supérieure pour les générations récentes avec, cependant, une convergence plus rapide vers un comportement homogène. Celle-ci est quasiment réalisée pour les générations nées depuis la Seconde Guerre mondiale, ce qui signifie que les comportements limites seront vraisemblablement atteints vers 2020 ou même avant. À partir de ce moment, le facteur de vieillissement de la population devrait l'emporter sur l'effet de génération et une stabilisation de la mobilité, voire une légère régression pourrait être enregistrée. Cependant, la mobilité générale devrait se situer à un niveau global sensiblement plus élevé qu'aujourd'hui, de même que le taux général d'équipement des ménages en voitures particulières.

Il reste à explorer ce que pourrait être le rôle du rail face à ces transformations de l'espace et de la société. Pour cela, nous distinguerons le cas des déplacements quotidiens dans les milieux urbanisés et celui des déplacements interrégionaux.

Les transports guidés de personnes

La difficulté fondamentale des systèmes de transport urbain tient à ce que la croissance urbaine et l'amélioration du niveau de vie entraînent une augmentation des déplacements qui doivent s'écouler dans un tissu urbain qui est figé et dont l'espace de voirie est difficilement extensible. Les réseaux ferrés en site propre ont permis de répondre au problème ainsi posé. Des vingt réseaux de métropolitain qui existaient dans le monde en 1939, on est passé aujourd'hui à plus d'une centaine. Ces réseaux vont-ils doubler ou tripler dans vingt ans ? Il n'est pas sûr que ce soit la bonne question.

Explorer l'avenir des transports guidés en milieu urbain c'est plutôt se demander comment se situera ce mode de transport en regard des transformations de l'espace et des pratiques sociales. Deux facteurs fondamentaux restent favorables au développement du site propre en milieu urbain, auquel s'ajoute le progrès technique décisif de l'automatisation.

Le premier facteur tient au fait que là où se poursuivra l'augmentation des déplacements, l'encombrement ne sera résolu que par des transports en site propre à fort débit, dès lors que la demande de trafic sur les axes lourds ne peut être assurée par la seule combinaison voiture-bus. À un moment donné le phénomène d'encombrement pose de manière aiguë le problème de la survie du centre. L'enjeu économique justifie alors l'effort financier que requiert la création ou le développement d'un réseau à fort débit. Or, à mesure que se développent la motorisation et la pulsion pour la mobilité, cette situation critique concerne des agglomérations de plus en plus nombreuses : dans la société française des années soixante-dix, la situation critique ne concernait que les villes millionnaires. Vingt ans plus tard, le seuil critique est atteint par les agglomérations de l'ordre du demi-million d'habitants. Ce seuil critique n'est évidemment pas partout semblable dans le monde et sa plage de variation semble respecter trois principes de bon sens :

– plus le niveau de vie s'élève, plus le seuil critique concerne des agglomérations de moindre taille ;

– le seuil critique se situe d'autant plus bas que la voirie du centre-ville est étroite ;

– lorsque le centre-ville a une surface limitée, l'éviction de l'automobile de ce centre peut suffire à traiter la situation critique.

Ce dernier point donne à penser que les systèmes de site propre n'envahiront pas toutes les villes européennes dans le prochain demi-siècle. Cependant, les deux premiers principes nous suggèrent que la contamination devrait être forte.

Le second facteur favorable aux lignes ferroviaires urbaines est propre au développement des régions-villes. Celles-ci seront en effet constituées de vastes agglomérations polycentriques. Entre les centres des anciennes villes ainsi agglomérées s'échangeront de puissantes migrations quotidiennes que seuls des axes lourds de type "train express régional" pourront assurer, à l'exemple du réseau ferré de Hambourg, du Réseau express régional (RER) parisien, du réseau ferré intercités de la Randstad ou encore de relations bipolaires fortement scandées comme la liaison Lyon-Saint-Étienne.

Il faut tenir compte enfin du progrès décisif que constitue la conduite automatique des métros. Non seulement la gestion automatique de l'écoulement des rames permettra d'augmenter sensiblement la fréquence maximale en heures de pointe, comme c'est le cas sur une ligne du RER dotée du système SACEM mais, surtout, la conduite automatique intégrale présente l'avantage de permettre de moduler l'offre en fonction de la demande, indépendamment des contraintes "d'habillage" des lignes liées aux réglementations ou conventions sociales. On sait en effet que l'affectation du personnel roulant est rigidifiée par des contraintes liées aux règlements du travail. Ainsi les réseaux sont-ils conduits à dimensionner l'offre en fonction des débits de pointe et, *a contrario*, sont peu adaptables à des fluctuations inopinées de la demande en fin de soirée, par exemple, ou à certaines heures des jours fériés. Affranchi des contraintes de personnel, le système gagne en souplesse et donc en productivité.

Ce sera là la principale supériorité des systèmes fermés par rapport aux systèmes de transport en commun sur voirie. Les premiers bénéficieront vraisemblablement d'un très fort degré d'automatisation. Alors qu'ils constituent aujourd'hui une activité de main-d'œuvre, ils assureront au contraire une production fortement capitalistique dans l'avenir, ce qui devrait atténuer la crise du financement des transports publics urbains et, par là même, favoriser, dans l'alternative entre site propre et réseau sur voirie, la première des deux solutions.

Tous les facteurs d'évolution ne sont pas systématiquement favorables au transport sur rail. Deux forces contraires apparaissent en effet, dont on peut dire qu'elles correspondent à des formes prévisibles d'éclatement de l'organisation du temps et de l'organisation de l'espace.

En premier lieu, l'assouplissement des horaires de travail et le développement de la mobilité non contrainte, qui accompagne l'amélioration des niveaux de vie, induisent des programmes d'activité plus complexes. Ainsi, aux migrations alternantes domicile-travail, se substituent progressivement des "sorties" du domicile à déplacements multiples beaucoup plus élaborées. L'analyse fine de ces sorties complexes montre qu'elles s'appuient principalement sur l'usage de l'automobile. C'est qu'il s'agit pour l'usager de gérer un rapport à l'espace qui n'est pas nécessairement compatible avec l'offre de transport en commun. Celui-ci reste dominé par des logiques de lignes et, même si les lignes sont fortement maillées, le système d'offre est difficilement adaptable à la diversité de la demande. Ainsi, l'usager qui organisera un programme d'activité comportant quatre ou cinq déplacements successifs se heurtera tout d'abord à la lisibilité du réseau qui lui est offert et ensuite à la forte probabilité de supporter des déplacements avec correspondance, dont on sait qu'ils sont dissuasifs pour les non captifs et qu'ils le seront d'autant plus dans l'avenir que la proportion de captifs des transports collectifs diminuera à mesure qu'augmentera le taux de motorisation.

Mais dans le très long terme, le transport guidé pourrait apporter une réponse inédite à cette faiblesse inhérente à la logique de ligne. C'est précisément dans cet esprit qu'avait été conçu le système Aramis, imaginé et promu par la société Matra (dont le développement est provisoirement abandonné). Les principales caractéristiques d'Aramis intéressent moins notre propos que sa philosophie générale : les véhicules sur rail sont de petit gabarit (d'une dizaine de places assises ou à peine plus) et forment des "trains" par un accouplement immatériel des véhicules permettant les dislocations ou le regroupement de rames en ligne. Ainsi, un automatisme intégral permet de gérer des cheminements de véhicules empruntant successivement plusieurs lignes sans aucun arrêt intermédiaire entre la station d'origine et la station de destination. C'est donc, théoriquement, une offre affranchie de la contrainte de ligne (et donc des correspondances) et qui n'est plus soumise qu'à la contrainte de localisation des stations qui est ainsi proposée aux usagers. Ce type de système, fondé sur une logique de véhicule guidé qui se substitue à celle d'une ligne, fût-elle automatisée, pourrait bien constituer la réponse des systèmes fermés au défi de l'automobile en milieu urbain.

Le second facteur d'évolution structurelle qui est également défavorable au système ferroviaire tient à l'orientation que semblent prendre les nouvelles formes urbaines. Les études sur la localisation des activités, comme les enquêtes successives sur les déplacements urbains, s'accordent sur une tendance à la diversification des activités périphériques en même temps que le développement d'un habitat diffus. Ainsi, non seulement le poids relatif des déplacements périphériques croît par rapport aux déplacements centraux ou radiaux, mais encore, plus généralement, se constituent des systèmes de flux moins massifiés, peu propices à la mise en œuvre d'une offre de transport collectif de haut niveau de service.

On peut envisager que les flux périphériques soient captés par des systèmes ferroviaires légers, du type tramway, susceptibles d'assurer un bon maillage entre les axes lourds radiaux. Le défi de l'habitat diffus appellera quant à lui des dispositifs innovants, tel le bus guidé sur site propre.

Il est donc raisonnable d'entrevoir, pour le demi-siècle à venir, que le système ferroviaire et, plus généralement, les systèmes de transport guidé connaîtront des développements presque inverses de ceux du transport ferroviaire de marchandises : non pas une concentration sur les seuls axes lourds mais une diffusion croissante dans l'espace favorisée par des innovations technologiques radicales ; non pas une spécialisation sur quelques fonctions spécifiques, mais une hiérarchie de solutions complémentaires allant jusqu'à des niveaux relativement bas en matière de massification des flux. Ces évolutions exigent, bien sûr, un dépassement de l'alternative entre crise de l'encombrement et crise du financement des transports publics. La promotion de ceux-ci devra être mise en balance avec le sauvetage des fonctions urbaines et les indicateurs de qualité de la ville et de son environnement auxquels une importance nouvelle est manifestement reconnue.

Enfin si les capacités de financement public se révèlent trop limitées pour relever ce défi, ne doutons pas que la rareté de l'espace viaire impliquera que soit renforcée sa tarification : du stationnement payant on passera à l'étape ultérieure qui est celle du péage urbain.

Le transport interrégional de personnes

Le développement de la pulsion sociale pour la mobilité ne se limitera évidemment pas au milieu urbain. La mobilité résidentielle qui, elle-même, sera certainement plus importante et plus internationale, générera des déplacements pour motifs personnels plus lointains et plus nombreux. Les voyages touristiques continueront à se développer. Les voyages d'affaires, favorisés par l'extension des transports rapides et les effets d'émission et d'attraction des régions-villes, seront relativement indifférents aux substituts offerts par les télécommunications, comme le confirment de multiples études (qui montrent en particulier que la communication "face à face" admet rarement un substitut).

Face à ces marchés porteurs, les modes de transports concurrents développeront leurs atouts. La voiture particulière, forte de taux de possession accrus, bénéficiera de nouvelles améliorations d'infrastructures et notamment de l'expansion du réseau autoroutier. L'autocar en bénéficiera également et gagnera encore en confort et en puissance. Le transport aérien aura abaissé sensiblement ses coûts et surmonté pour l'essentiel les inconvénients de l'encombrement du ciel grâce à une automatisation intégrale du contrôle aérien. Un produit nouveau s'imposera peut-être, susceptible d'assurer des transports de centre-ville à centre-ville, avec l'hélicoptère convertible, équivalent à un avion de ligne de petite capacité capable d'atterrissage et de décollage verticaux. Le train, enfin, proposera la grande vitesse pour le réseau des grandes lignes sur lequel il se sera replié en ce qui concerne la longue distance.

Quels seront alors les poids des différents modes pour les principaux segments du marché ? Pour répondre à cette question, tenons-nous-en à la distinction grossière entre les déplacements pour motif individuel ou touristique et les déplacements professionnels.

Pour la première catégorie, on sait que la rationalité du déplacement est largement conditionnée par la nature et les caractéristiques du séjour : un ménage de quatre ou cinq personnes, qui doit faire une visite familiale lointaine dans un milieu rural, utilisera la voiture ; un couple retraité qui effectue un voyage organisé utilisera l'autocar ; un ménage qui va passer ses vacances avec sa caravane ne prendra pas l'avion. Face à cette rigidité de la demande, le chemin de fer ne pourra viser que les déplacements entre cités de longue distance ou proposer des produits touristiques spécifiques, comme il le fait déjà avec succès avec les trains de neige. Sur ces créneaux, la grande vitesse apporte un fort argument de vente et les trains à grande vitesse de nuit permettront d'étendre à la longue distance la zone de chalandise des régions touristiques.

Sur le marché des courte et moyenne distances (jusqu'à environ 300 kilomètres), l'argument de rapidité restera faible par rapport à la voiture individuelle ou l'autocar sur autoroute. Il en sera de même sur les lignes faiblement massifiées pour lesquelles la construction de lignes à grande vitesse ne sera pas économiquement justifiée. L'alternative entre, d'une part, des trains lents, peu fréquents et mal remplis et, d'autre part, des services d'autocars plus fréquents et compétitifs en termes de prix et de temps sera systématiquement tranchée au profit des seconds. Le repli du système ferroviaire sur ses lignes lourdes et performantes et sur les grands bassins d'emploi est plus inéluctable encore pour les voyageurs qu'il ne l'est pour les marchandises, ce repli s'accompagnant, au bénéfice de tous, de systèmes de rabattement par transport routier. Les problèmes sociaux inhérents à ces stratégies se régleront d'autant mieux qu'ils s'inscrivent dans la durée et, surtout, qu'ils conduiront les systèmes ferroviaires à une rentabilité suffisante pour que soient gérés au mieux les coûts sociaux de ces replis.

Concernant les voyages professionnels, il convient de noter qu'il s'agit d'un marché auquel est promise une croissance forte et de longue durée. La diffusion des activités productives dans l'espace et la concentration financière qui l'accompagne en sont un puissant facteur. Favorisés par la grande vitesse (de l'aérien comme du ferroviaire), les déplacements liés à des contacts internes au sein de sociétés à établissements multiples connaissent une croissance considérable qui devrait porter ce type de trafic à un niveau élevé. Ce facteur vitesse induit en outre un élargissement des aires de marché des services aux entreprises, en particulier des services hautement spécialisés. L'effacement des frontières ne pourra qu'accentuer cette tendance.

Les voyages d'affaires constitueront le marché de prédilection des trains à grande vitesse. Sur un créneau de 300 à 1000 kilomètres, qui sera celui des déplacements de une à trois heures au plus, des relations de centre à centre seront proposées dans des conditions propices à une utilisation du temps de transport en temps de travail, d'autant que l'équipement des rames, notamment télématique, sera conçu pour favoriser ce temps utile. Si l'on considère que d'ores et déjà le seul TGV Sud-Est assure chaque année plus de voyages d'affaires que le transport aérien sur l'ensemble du territoire français, on prend la mesure de ce que pourra représenter un véritable réseau maillé couvrant l'espace européen et auquel s'ajoutera l'attrait d'équipements spécifiques.

Face à des usagers particulièrement sensibles à la gestion de leur temps, le transport aérien perdra des parts de marché sur les relations dotées de trains à grande vitesse mais renforcera ses positions sur les relations non équipées ou de très longue distance tout en multipliant les lignes nouvelles sur les relations “légères”. Il maintiendra, enfin, une forte activité de rabattement sur les aéroports intercontinentaux.

Il reste que la technique de la grande vitesse, enrichie de l'héritage des équipements ferroviaires des villes (gares et pénétrantes) et de celui des prolongements de lignes nouvelles par des lignes électrifiées traditionnelles, inscrit le chemin de fer dans un avenir qu'on ne lui espérait plus il y a peu de temps encore.

Chapitre 2
Logiques d'acteurs, logiques d'institutions

Bénédicte Vulin *

Si l'on sait relativement bien cerner les grandes tendances du transport pour les prochaines décennies, l'analyse des rapports, souvent conflictuels, entre les transports et l'aménagement du territoire et, plus généralement, l'appréciation préalable de l'efficacité des interventions et des politiques en la matière sont davantage problématiques. En effet, ils ne peuvent être compris en dehors des diverses stratégies, territoriales ou non, des acteurs en présence, institutionnels et privés. Leurs règles du jeu semblent aujourd'hui déstabilisées, comme en témoignent par exemple les manifestations populaires, exutoires de sensibilités qui s'expriment de plus en plus hors des instances de décision et de consultation, pourtant élues dans la plupart des cas. Face à l'organisation parallèle de la *vox populi*, les collectivités territoriales se voient confier, avec le mouvement de décentralisation, des prérogatives et des possibilités d'action de moins en moins précisées. Ainsi leurs interventions territoriales peuvent donner lieu à des jeux — au sens de la théorie des jeux — plus ou moins coopératifs, dont l'issue et le caractère plus ou moins optimal dépendent bien sûr des diverses stratégies conduites, d'autant plus aujourd'hui que les évolutions institutionnelles brouillent les cartes.

---

* Laboratoire d'économie des transports.

Un cadre institutionnel en pleine évolution

Des acteurs et des logiques multiples...

La diversité des acteurs peut être envisagée à la fois comme une richesse (plus les groupes impliqués en matière de transport et d'aménagement sont nombreux, plus les moyens mobilisés, financiers comme intellectuels, sont importants *a priori*) et comme un obstacle (à défaut d'une bonne coordination, l'aménagement peut engendrer émiettement et gaspillage). Selon les actions envisagées, les intervenants peuvent être :

– des collectivités territoriales des quatre principaux niveaux (État, région, département, commune), auxquels viennent s'ajouter la Communauté européenne et des regroupements tels que les communautés urbaines, les districts, les syndicats ;

– des agents économiques institutionnels, des sociétés d'économie mixte (chambres de commerce, des métiers, d'agriculture, comités d'expansion...) ;

– des services techniques travaillant pour les collectivités (directions départementales et régionales de l'équipement, agences d'urbanisme...) ;

– des entreprises privées, du secteur des transports ou non ;

– les populations locales.

Chacun de ces acteurs est mû par une logique et des objectifs spécifiques. Traditionnellement, étaient opposées logique publique parlant au nom d'un hypothétique "intérêt général", et logique privée, relevant de l'intérêt privé ou de la lutte concurrentielle ; ou encore logique de groupe (population communale, secteur industriel...) et logique individuelle, d'une entreprise, par exemple. Ces distinctions manichéennes ne sont plus de mise : ainsi, par exemple, certaines évolutions, telle la décentralisation, ont fait émerger une logique de type concurrentiel là où prévalait plutôt une philosophie du bien public. Il en est ainsi dans les collectivités territoriales.

Les logiques changent dans un cadre institutionnel en mutation, dont les évolutions sont contradictoires. L'État, pendant longtemps maître à bord, se trouve pris dans un double mouvement de décentralisation, qui accorde plus de pouvoir à la base, et d'européanisation, qui transcende son niveau décisionnel.

Un double mouvement de décentralisation et d'européanisation

La décentralisation administrative initiée par la loi du 2 mars 1982 a modifié la répartition des compétences d'actions [1] entre l'État et les collectivités locales. Tandis que l'État se recentre sur ses tâches principales, macro-économiques et macro-sociales, la région se préoccupe désormais des aides directes aux entreprises et à l'économie, de l'aménagement du territoire, du plan régional et de la planification contractuelle, de la formation professionnelle et de la recherche scientifique ; au département revient la conduite de politiques transversales (action sociale, équipement rural, environnement, transports départementaux et certains équipements de proximité) ; la commune, quant à elle, se charge de l'urbanisme et de la maîtrise de l'occupation des sols, de l'école primaire et des transports urbains (cf. fig. 1). Les attributions revenant désormais aux diverses collectivités territoriales constituent une tentative pour faire correspondre espace de vie et espace de compétences.

Réciproquement, le mouvement "vers le haut", c'est-à-dire l'européanisation des décisions politiques et la mise en œuvre progressive du marché commun des transports, continue de transférer à une autorité supranationale des compétences inscrites dans le traité de Rome et réaffirmées en 1962, en matière d'harmonisation des conditions de concurrence entre pays et de coordination des infrastructures au niveau communautaire, laquelle comporte deux aspects : la tarification d'usage des infrastructures et la coordination des investissements d'intérêt communautaire. Ces objectifs ont été réaffirmés en 1985 dans un "*master plan*" (programme de travail) publié par le conseil des ministres, en vue de la création d'un marché libre des transports avant fin 1992. L'intégration des transports à l'échelle communautaire était en effet une des conditions essentielles de la création du marché intérieur européen de 1993, en particulier parce que les transports constituent une consommation intermédiaire pour presque tous les autres secteurs d'activité.

La construction de l'Europe des transports signifie sans aucun doute une remontée du pouvoir de décision vers les autorités bruxelloises telles que les directions générales VII et XVI, compétentes en matière de transports et d'aménagement du territoire. Cette délégation de souveraineté est souvent perçue comme une

Commune	Département	Région
	Urbanisme	
Élaboration intercommunale du schéma directeur (EPCI).	Avis sur le périmètre. Avis en cas d'équipements départementaux.	
Établissement du POS. Délivrance du permis de construire et autres autorisations (si le POS est approuvé).		
	Avis sur les schémas de mise en valeur de la mer.	
	Aménagement rural, planification et aménagement du territoire	
		Participation à l'élaboration et à la mise en œuvre du Plan national.
Élaboration et approbation des chartes intercommunales d'aménagement.		
	Avis sur le plan régional.	Plan régional. Exercice de tout ou partie des compétences des missions interministérielles d'aménagement touristique. Programme d'aide à l'équipement rural. Parc naturel régional.
	Logement	
Programme local de l'habitat.	Conseil départemental de l'habitat. Avis sur la répartition des aides à l'habitat.	Définition des priorités de l'habitat.
Action en faveur des mal-logés.	Aides sociales au logement.	Aides complémentaires à celles de l'État (prêts, bonifications d'intérêts, garanties d'emprunt). Encouragement à la qualité, à l'innovation, à l'économie d'énergie.

Fig. 1 — Les compétences attribuées par la loi de décentralisation de mars 1982 aux communes, aux départements et aux régions

Commune	Département	Région
	Transport et mer	
Avis sur le schéma régional.	Avis sur le schéma régional.	Établissement du schéma régional des transports.
Avis sur le schéma départemental.	Établissement du schéma départemental des transports.	
	Approbation du plan départemental des services réguliers de transports routiers de voyageurs non urbains, et autorisation d'exploiter, homologation de leurs tarifs.	Création de certains aérodromes.
Conventions avec le département.	Financement et organisation des transports scolaires.	
	Avis sur les conventions avec la SNCF.	Conventions avec la SNCF (lignes inscrites sur le schéma).
Ports de plaisance et police des ports.	Ports maritimes civils, de commerce et de pêche.	Création de canaux et ports fluviaux.
	Aides aux travaux d'aménagement pour les cultures marines.	Aides à la pêche et aux entreprises pour les cultures marines.
	Éducation	
Implantation des écoles, des classes élémentaires et maternelles.	Programme prévisionnel des investissements relatifs aux collèges.	Programme prévisionnel des investissements et leur localisation, lycées et équipements d'éducation spéciale.
Finance, construit, équipe, entretient les écoles préélémentaires et élémentaires. Modification des heures scolaires.	Finance, construit, équipe, entretient les collèges.	Finance, construit, équipe, entretient les lycées et établissements d'éducation spéciale, lycées agricoles, écoles et collèges de formation aquacole et maritime.
Organisation d'activités éducatives, sportives et culturelles complémentaires dans les locaux scolaires. Création, organisation et financement de l'enseignement des arts plastiques, de la musique, de la danse et de l'art dramatique (sauf en ce qui concerne les cycles de l'enseignement supérieur).		
	Formation professionnelle et apprentissage	
		Mise en œuvre des actions d'apprentissage et de formation professionnelle. Finance les organismes de formation professionnelle. Programme régional d'apprentissage et de la formation professionnelle.

Fig. 1 (suite) — Les compétences attribuées par la loi de décentralisation de mars 1982 aux communes, aux départements et aux régions

Commune	Département	Région
	Avis des comités départementaux de la formation professionnelle.	Fonds régional de l'apprentissage et de la formation professionnelle.
	Équipements collectifs	
	Répartition aux communes et aux maîtres d'ouvrages des crédits d'électrification rurale, de remembrement et de travaux hydrauliques.	
Création et entretien des voies communales et des chemins ruraux.	Création et entretien des voies départementales.	
	Aide sociale et santé	
Participe aux dépenses d'aide sociale obligatoire.	Prend en charge l'ensemble des prestations légales d'aides sociale. Adopte un règlement d'aide sociale.	
Peut exercer les compétences du département par convention avec lui.	Responsable des services et prestations : - protection sanitaire de la famille et de l'enfance, - lutte contre les fléaux sociaux, - lutte contre la tuberculose, le cancer et les maladies vénériennes, - protection maternelle et infantile (PMI), - aide sociale à l'enfance, aux familles, aux personnes handicapées et aux personnes âgées, - vaccinations.	
Instruction des dossiers d'aide sociale par les bureaux d'aide sociale.	Arrête un schéma des établissements et services sociaux et médico-sociaux. Autorise la création et l'extension des établissements sociaux et fixe les prix de journée.	

Fig. 1 (suite) — Les compétences attribuées par la loi de décentralisation de mars 1982 aux communes, aux départements et aux régions

perte du contrôle et d'une illusoire indépendance des États nationaux, comme en témoignaient certains votes du référendum pour l'adoption du traité de l'Union européenne en 1992.

La multiplicité des acteurs, tant publics que privés, associée à un cadre institutionnel relativement neuf (décentralisation) ou en devenir (européanisation), conduit à des difficultés de positionnement de ces acteurs les uns par rapport aux autres. Les redistributions de compétences au sein de la hiérarchie territoriale ont suscité une réflexion nouvelle sur le bien-fondé de cette répartition, sur le rôle politique et décisionnel que chacune des institutions tient dans ses relations horizontales et verticales avec les autres, et a également contribué à faire naître, au sein des collectivités locales comme chez les acteurs privés, des ambitions nouvelles en matière de pouvoir territorial.

Ces bouleversements institutionnels ont d'abord conduit à une remise en cause de la part des collectivités territoriales, directement concernées. Ces interrogations nouvelles ont porté à la fois sur l'adéquation des compétences qui leur sont confiées et de la légitimité ter-

Commune	Département	Région
Environnement, patrimoine et action culturelle		
Proposition ou accord sur la création de zones de protection du patrimoine architectural et urbain (ZPPAU).		Collège du Patrimoine et des Sites. Liste des sites et paysages à sauvegarder.
Organise et finance : - les musées municipaux, - les bibliothèques municipales.	Organise et finance les musées départementaux. Responsable des bibliothèques centrales de prêt.	Organise et finance les musées régionaux.
Conserve les archives municipales.	Conserve les archives départementales. Reçoit les archives régionales de l'État et de personnes privées.	Conserve les archives régionales.
Donne son avis sur le plan départemental des itinéraires de grande randonnée.	Définit et modifie le plan départemental des itinéraires de grande randonnée.	

Source : *Les Cahiers français* (n° 239, 1989) : "Les collectivités territoriales : commune, département, région".

Fig. 1 (suite) — Les compétences attribuées par la loi de décentralisation de mars 1982 aux communes, aux départements et aux régions

ritoriale dont elles peuvent se prévaloir, et sur le type de relations qu'elles peuvent désormais entretenir entre elles, quelque part entre concurrence et coopération. Autrement dit, une réflexion s'est développée selon deux axes, portant sur la place qu'occupe une collectivité au sein de la hiérarchie (axe vertical), et sur les relations entre des collectivités appartenant au même niveau territorial (axe horizontal).

Compétence et légitimité territoriales

Le remodelage institutionnel a fait naître, essentiellement de la part des échelons territoriaux les plus bas, une sorte de crise identitaire. Ceux-ci se voient en effet confier de nouvelles attributions au sein d'une hiérarchie territoriale qui s'étend à la fois par le bas et le haut, renvoyant dos à dos les deux notions de légitimité et de compétence territoriales : les compétences territoriales redistribuées reviennent-elles bien à l'acteur investi de la légitimité territoriale correspondante ?

Deux notions pas tout à fait synonymes...

La nuance est importante, car la légitimité est définie comme la qualité de ce qui est fondé par le droit, la raison ou la justice au sens large. Par suite, est légitime toute autorité dotée de compétences légales, mais pas seulement : la légitimité recouvre l'autorité légale, mais la dépasse. À cet égard, la classification établie par Max Weber est particulièrement éclairante ; celle-ci distingue, outre la légitimité de type charismatique (qui appartient davantage à un individu, élu sur sa personnalité propre), deux types de légitimité politique, chacune assise sur des mécanismes distincts :

Le type *traditionnel ou patrimonial* est le fait de l'histoire, de l'existence d'un passé long qui confèrent une légitimité de fait aux institutions existantes. Ainsi la commune, officiellement née avec la Révolution française, avait déjà été fondée à l'époque sur du préexistant, la paroisse : aux 44 000 paroisses ont succédé les 44 000 communes, entités sociales aux valeurs républicaines. Les tentatives autoritaires de fusion des (trop ?) nombreuses communes n'ont jamais abouti [2], et désormais sont davantage encouragées les coopérations : qui songerait aujourd'hui à faire disparaître cette institution profondément ancrée dans le patrimoine historico-affectif des Français ?

Le type *rationnel, légal* est caractéristique du système démocratique ; le pouvoir tire sa légitimité des élections mais également de son efficacité à remplir la mission pour laquelle il est compétent. La légitimité rationnelle résulte des réglementations et lois ; ainsi le pouvoir de la commune en matière de transport urbain est légitime car inscrit dans la loi de 1982. Cette légitimité s'apparente à la compétence légale.

Le problème soulevé actuellement quant aux compétences des collectivités territoriales est donc celui de l'adéquation des deux types de légitimités, à la charnière desquelles se placent les institutions concernées : vis-à-vis de la population, elles ont une légitimité rationnelle (lorsqu'elles sont élues) et une légitimité traditionnelle pour telle et telle mission (par exemple, les habitants attendent de leur commune qu'elle s'associe à eux pour la protection de l'environnement local face à un projet national d'autoroute ou de TGV et qu'en conséquence elle en fasse modifier le tracé), alors que pour ces mêmes missions elles n'ont pas forcément de légitimité rationnelle vis-à-vis des autres institutions et des lois administratives (les communes n'ont pas de compétence de décision en matière de tracé d'infrastructure d'intérêt national).

Un décalage entre compétences et légitimité territoriales ?

Le décalage entre légitimité et compétences est sans aucun doute à la source de nombreux problèmes et frictions. D'une part, certaines collectivités territoriales, de par leur histoire, ont une légitimité traditionnelle qui dépasse leur légitimité rationnelle ; d'autre part (et c'en est le corollaire), certaines prérogatives ne reviennent-elles pas à la "mauvaise" collectivité, qui ne serait pas dotée de la légitimité traditionnelle adéquate ? Ce cas est celui de la Communauté européenne, qui n'a pas encore acquis une identité territoriale claire ; le principe de subsidiarité vise précisément à déléguer à chaque niveau territorial les pouvoirs qu'il peut exercer le plus efficacement.

En ce qui concerne les collectivités territoriales de légitimité traditionnelle, elles souhaiteraient bénéficier de prérogatives plus larges, d'autant que leur sort politique dépend de leur capacité à répondre aux attentes de la population qui les élit. Elles s'investissent dans leur espace de compétences et, munies d'une légitimité territoriale apparemment forte, réclament un statut ou tout au moins des droits de gouvernement local.

S. Wachter explique que "la légitimité de l'élu dépend désormais de ses capacités à maîtriser le développement économique et social de sa commune, de son département, de sa région. Son action n'est plus appréciée selon la faculté qu'il a de gérer un problème sectoriel. Elle est évaluée en fonction de son aptitude à prendre en charge et à résoudre tous les problèmes relatifs au développement socio-économique. Cette rationalité de l'action publique locale fait craquer l'ordonnancement formel de la répartition des compétences. Elle généralise une nouvelle logique d'intervention des régions, des départements et des villes : celle du gouvernement local. Ainsi, les autorités politiques issues de la décentralisation n'entendent plus limiter leurs actions en les bornant aux frontières fixées par le législateur. Elles se considèrent de fait comme titulaires d'une compétence générale sur leurs territoires".

Par ailleurs, il semble qu'*a priori* une collectivité territoriale soit d'autant plus efficace qu'elle bénéfice d'une forte légitimité ou, selon la terminologie de P. Salmon, d'un "capital social" élevé. Ce dernier démontre ce résultat, intuitivement évident, en invoquant la pression exercée dans un système démocratique par les gouvernés sur les gouvernants. Ceux-ci sont poussés à agir de façon efficace pour la collectivité, d'autant plus fortement que les électeurs se tiennent informés des actions et résultats. Ce "patriotisme raisonné" n'est-il pas une composante de la légitimité ? Cette efficacité *a priori* (c'est-à-dire sans tenir compte des moyens matériels, concrets, à disposition de la collectivité) abonde dans le sens des revendications territoriales, essentiellement pour la commune qui est l'institution la plus proche de ses électeurs. Ces revendications se trouvent en outre encouragées par un certain "retour au local" de la part des acteurs privés, qui valorisent de plus en plus le cadre de vie, qu'ils soient de simples habitants ou des entreprises privées. La qualité de desserte des divers territoires et agglomérations françaises étant généralement assez élevée, le lieu d'implantation d'une entreprise est davantage choisi sur son contenu propre.

Cette poussée par la base vers davantage de pouvoir légalement reconnu, qui corresponde mieux à la légitimité territoriale revendiquée, place les collectivités locales dans une position doublement inconfortable. Chaque niveau territorial se trouve enfermé dans une contradiction, qu'il s'agisse de la désormais classique contradiction entre protection de l'environnement et du cadre de vie d'une part et politique de transports d'autre part, ou encore celle, plus générale et qui englobe la première, entre intérêt local et intérêt national, voire communautaire. En effet, un projet d'infrastructure "bon" pour l'intérêt général ne l'est pas nécessairement pour l'intérêt local. Encore faut-il définir ce principe de l'intérêt général, présenté comme universel alors qu'il obéit à des critères qui évoluent en fonction de la situation socio-économique et des forces respectives des acteurs en présence. Cette contradiction d'intérêts explique certaines résistances entre échelons territoriaux, par exemple lors de la mise en place d'infrastructures de transport : d'un côté les niveaux inférieurs peuvent avoir l'impression que les décisions sont prises *ex cathedra*, sans qu'ils aient vraiment le pouvoir de faire valoir leurs intérêts, leurs prérogatives étant simplement consultatives mais, de l'autre côté, le niveau local est sollicité par les instances décisionnelles nationales pour développer des travaux de prospective (cf. le *Guide pour les actions et études de prospective territoriale*, de la DATAR).

Les collectivités territoriales oscillent entre une revendication pour davantage de pouvoirs et un découragement devant les faibles échos rencontrés par les actions qu'elles entreprennent, surtout en regard de leurs aspirations. Leurs revendications de pouvoir ne se positionnent pas seulement par rapport à un axe vertical de la hiérarchie territoriale, mais s'expriment également sur un axe horizontal, selon une logique de concurrence et de coopération dont l'importance se manifeste essentiellement entre collectivités du même échelon (même les relations au sein de la hiérarchie territoriale ne sont pas exemptes de ce type d'ambiguïté).

Concurrence et coopération entre collectivités locales

Concurrence horizontale et verticale...

Les relations entre acteurs publics territoriaux sont faites de tendances divergentes, l'une à la concurrence, l'autre à la coopération. Deux raisons essentielles sont à l'origine de cette ambivalence : la première, déjà soulignée, tient au grand nombre d'institutions concernées par les transports et l'aménagement, la seconde à l'insuffisant cloisonnement des compétences accordées à chaque échelon. Plus précisément, les compétences d'actions sont partagées mais non réparties, ainsi que l'explique le programme "Institutions" de la DATAR, puisqu'"une véritable répartition des compétences impliquerait un principe d'exclusion — si une collectivité est compétente, les autres ne le sont pas — et une notion de «blocs de compétence», idée largement évoquée en 1982-1983 mais qui n'a pas été reprise dans les textes. Il y a, en fait, partage des compétences, et donc souvent financements croisés, ou plus exactement conjoints, des opérations". Les textes de loi donnent en effet une compétence générale à chaque collectivité [3] et ne posent pas de principe d'exclusion de compétences. Ce vide juridique a créé une confusion des rôles respectifs à tenir par les collectivités. Par voie de conséquence, les relations entre les niveaux territoriaux ne peuvent qu'être faites de coopération et de concurrence. En matière d'infrastructure routière par exemple, la région est la seule collectivité à ne pas posséder de réseaux routiers, mais elle peut aider le département pour certaines routes lorsqu'elle considère qu'elles ont un intérêt régional, instaurant de cette manière un certain degré de cohésion régionale. En revanche, elle devient la rivale du département en matière d'orientation natio-

	Transports routiers	Transports fluviaux	Transports maritimes
Belgique	c	—	—
Danemark	cd	—	—
Allemagne	cd	—	—
Espagne	cr	—	r
France	cdr	cdr	cdr
Grèce	c	—	c
Irlande	c	—	c
Italie	cr	—	r
Luxembourg	c	—	—
Pays-Bas	c	—	—
Portugal	c	—	—
Royaume-Uni	cd	—	—

c : communes (districts en Grande-Bretagne)
d : départements, provinces, comtés, Kreise (en Allemagne)
r : régions, communautés

Source : Conseil de l'Europe, cité par P. Ghigliazza (1991).

Fig. 2 — Répartition des compétences en matière de transport dans la CEE nale de la planification des infrastructures, puisqu'elle élabore un schéma directeur fixant les priorités. Les voisins européens de la France semblent avoir en ce domaine adopté une plus grande rigueur quant au partage des compétences territoriales (fig. 2).

La dispersion du pouvoir local aux mains de nombreuses collectivités et l'absence de rigueur des lois sur les transferts de compétences conduisent à des revendications conjointes et donc concurrentes des responsables locaux sur une même portion de territoire. Ces revendications sont, à leurs yeux, légitimées par le fait que souvent chacun cofinance un projet identique, et que la population locale les pousse à prendre en charge la gestion entière du territoire (nécessairement imbriqué dans un territoire plus vaste et donc éventuellement revendiqué par l'acteur situé à l'échelon immédiatement supérieur). Une concurrence a donc lieu entre des niveaux territoriaux différents ("concurrence verticale" [4]), sur les prérogatives qu'ils s'estiment chacun en droit d'exercer, bien que la contractualisation s'efforce d'instaurer une large coopération entre eux. Elle existe également entre des acteurs appartenant au même échelon territorial en charge de territoires contigus : il s'agit alors de concurrence dite "horizontale" [5], et ses conséquences semblent plus dommageables que celles de la concurrence verticale, qui peut n'être qu'un flottement transitoire.

Fortes de la logique de gouvernement local, qu'elles revendiquent et que leurs habitants leur réclament, les collectivités locales tentent de s'affranchir du cadre strictement légal en alléguant l'efficacité supérieure des actions qu'elles entreprennent sur un territoire qu'elles connaissent mieux que tout autre. Mais, pour asseoir une légitimité de fait fondée sur l'efficacité, elles doivent prouver qu'elles réussissent effectivement mieux que les autres, et par suite leurs actions s'échafaudent de plus en plus sur la base des valeurs de la modernité, symbolisées par l'entreprise et le marché ; autrement dit, "les collectivités locales s'apparentent à des acteurs guidés par des critères de rationalité technico-économique poursuivant des objectifs utilitaires de développement, de productivité, voire de profit. [...] Les vertus du privé, de la rentabilité, de la concurrence, de la compétition sont célébrées et valorisées au détriment des normes qui régissent les modes d'intervention publique fondées sur l'universalisme, le formalisme, le contrôle, mais aussi l'équité et la solidarité" (S. Wachter, 1991). De plus, les ambitions productivistes de collectivités locales les font entrer dans une stratégie individualiste : c'est à qui attirera le plus d'entreprises et de population aux revenus élevés afin d'en retirer le maximum de ressources pour les investir... C'est ainsi que l'on voit fréquemment des zones d'activités différentes et gérées par des collectivités distinctes, très proches les unes des autres, mais chacune à moitié vide, faute d'une stratégie commune pour attirer des entreprises. De façon peut-être moins directe et plus fine, P. Salmon explique également le phénomène de concurrence horizontale par le bon niveau informationnel que sont susceptibles d'avoir les électeurs sur les performances relatives des collectivités locales, toutes soumises au même environnement, qu'ils peuvent donc comparer entre elles : "Dans un monde caractérisé par le changement et l'incertitude, les performances d'un gouvernement pris isolément sont très difficilement évaluables par les électeurs. Mais, dans la mesure où ces électeurs peuvent et veulent faire des comparaisons de performance entre leur gouvernement (municipal, régional ou même départemental) et des gouvernements situés au même niveau, les politiciens au pouvoir, soucieux d'être réélus, sont obligés de rechercher la performance maximum dans toutes les dimensions".

...Et coopération entre les collectivités territoriales

Mais une démarche coopérative, entre les divers échelons et au sein du même échelon territorial, peut tout aussi bien naître des mêmes bases institutionnelles. En effet, la taille réduite des communes (88 % d'entre elles comptant moins de 2000 habitants et 69 % moins de 700), leur nombre important (36 765), le chevauchement et le flou de leurs prérogatives les poussent à s'unir, en vertu de l'adage "l'union fait la force". Ces coopérations sont d'ailleurs largement encouragées par l'État ; en témoigne la loi de janvier 1992 mettant "l'intercommunalité à l'honneur" [6], encourageant les communautés de communes et les communautés de villes (pour les agglomérations de plus de 20 000 habitants) et qui prévoit notamment pour les communautés de communes la possibilité d'instaurer une taxe professionnelle de zone, et pour les communautés de villes la mise en commun des produits de la taxe professionnelle, qui devient un impôt communautaire de taux unique. Ce dernier élément est important car il ne peut y avoir de compétence à défaut de moyens d'action.

Jusqu'à présent, les établissements publics de coopération entre collectivités territoriales étaient les suivants : les syndicats, dont les syndicats de communes à vocation unique, les syndicats de communes à vocation multiple et les districts urbains regroupant des communes d'une même agglomération, les communautés urbaines gérant les grandes agglomérations, les syndicats mixtes (coopération entre niveaux différents), les syndicats d'agglomération nouvelle. À cette liste s'ajoutent, naturellement, les sociétés d'économie mixte, les associations diverses et autres formules de coopération interdépartementale, interrégionale, intervilles... En janvier 1991, on ne comptait pas moins de 18 000 établissements publics de coopération entre collectivités territoriales, incluant 9 communautés urbaines, 214 districts, 18 058 syndicats (dont 14 596 SIVU, 2478 SIVOM, 975 syndicats mixtes et 9 syndicats d'agglomération nouvelle) [7]. Les relations qu'entretiennent entre eux ces divers organismes sont bien sûr empruntes de compétition... et la loi de janvier 1992, si elle donne davantage de pouvoir aux communautés de communes et de villes, leur donne également les moyens de se développer face aux districts et aux SIVOM...

Les acteurs privés : un rôle à ne pas négliger

Un besoin de se faire entendre...

Les acteurs privés prenant part directement ou indirectement à une action en matière de transport ou d'aménagement du territoire sont, comme on l'a vu, divers et mouvants. Par conséquent, les rationalités en présence ne se limitent pas à l'unique rationalité économique ou financière mais en revanche c'est tout un jeu complexe d'acteurs qui se met en place : les logiques d'intérêts sociales, politiques (au sens large), voire affectives, font intervenir dynamiques de groupes et sensibilités respectives. Pour se faire entendre auprès des instances dirigeantes, les acteurs privés ont deux moyens : soit par leurs élus locaux, soit par des actions coordonnées, qui contournent les institutions publiques.

La première méthode est celle qui a généralement le plus de chance d'aboutir et sans blocage ; en effet, au sein d'un groupe de pression d'acteurs privés d'apparence homogène, il peut se produire des dissensions importantes, ce qui nuit à la clarté des stratégies et diminue l'efficacité de leur action. À propos du TGV Méditerranée, A. Faujas s'interroge : "...Comment s'y reconnaître entre les écologistes favorables au TGV parce que celui-ci contribue à contenir l'automobile, les écologistes hostiles au TGV parce qu'il dévore de l'espace et les riverains défendant leur tranquillité ? [8]"

Cela constitue sans doute une des raisons pour lesquelles les collectivités trouvent un appui dans leurs revendications pour plus de compétences. Mais le soutien de ces revendications est le signe même d'une insatisfaction des acteurs privés vis-à-vis des pouvoirs de leurs représentants. C'est ainsi que les institutions locales sont de plus en plus fréquemment débordées par des associations spontanées de populations, de groupes de pression, etc., qui ne trouvent plus leur expression dans les élus locaux. Paradoxalement, ceux-ci assoient leurs revendications sur la base même qui les contourne. Leur assise s'effrite ainsi pour une double raison : d'une part, les autorités locales ne disposent pas de prérogatives légales suffisantes par rapport aux vœux étendus des populations ; d'autre part, collectivités locales et acteurs privés d'un même niveau territorial n'ont pas toujours les mêmes objectifs ni les mêmes logiques face à des projets à mettre en place. Lorsqu'un projet d'autoroute est élaboré, les habitants d'une commune s'organisent pour la voir passer le plus loin possible, tandis que les élus locaux peuvent, à l'inverse, voir en ce projet une possibilité de désenclavement ou de développement économique induit et cherchent plutôt à capter un échangeur. Si une collectivité locale est sensée représenter et servir les vues des agents du territoire dont elle a la charge, il n'en reste donc pas moins que les rapports entre ces deux entités se situent entre la coopération et la concurrence.

L'organisation propre de l'action privée, contournant les institutions publiques, passe par divers créneaux, allant de la création d'associations temporaires, liées à un projet précis d'infrastructure de transport, à la constitution de véritables lobbies permanents peu à peu reconnus par les institutions territoriales et même communautaires [9].

....Des rapports avec les pouvoirs publics très ambigus

Ce besoin de faire valoir ses intérêts, quel qu'en soit le moyen, contribue à l'ambiguïté des rapports entre les agents privés et les collectivités publiques. Les acteurs privés peuvent exploiter le flottement relatif à l'identité de ces dernières et le caractère incertain des relations de coopération et de concurrence. Par exemple, l'esprit de concurrence qui règne bien souvent entre les communes, associé au cloisonnement des gestions communales (notamment en matière de plans d'occupation des sols), peut jouer, on le sait, en faveur des promoteurs immobiliers. En revanche, les systèmes de transport et l'aménagement du territoire exigent que les acteurs soient canalisés dans des structures dont la formule reste à définir. Cette coordination est délicate à réaliser, d'autant plus qu'elle implique des acteurs différents selon les projets et actions envisagés. Les uns comme les autres sont généralement conscients qu'il est nécessaire de trouver un accord entre intérêts et personnalités divergentes, afin de satisfaire une majorité. C'est donc par une sorte de dialectique que se dépassent les contradictions des intérêts en présence (privés contre publics, économiques et financiers contre environnementaux ou politiques...).

Plusieurs moyens permettent de parvenir à cette synergie, de la simple concertation à la coopération au sein de structures associatives. À Caen, par exemple, deux organes ont été créés sous l'impulsion des autorités locales, afin d'assurer le succès du poste car-ferry : d'une part, un comité d'expansion de coordination, qui regroupe la municipalité et la chambre de commerce et d'industrie de Caen, la ville d'Ouistreham, le conseil général du Calvados, la direction départementale de l'Équipement et une compagnie maritime privée et, d'autre part, une société d'économie mixte, dont le capital est détenu par la ville et la CCI de Caen, le conseil général, la compagnie maritime privée, d'autres entreprises et des banques, créée afin d'acquérir et de financer le bateau desservant la ligne Ouistreham-Portsmouth.

Dans le Morbihan, il a été choisi un mode de coordination plus souple : la DDE a tenté de réunir les deux représentations partielles des conséquences du TGV Atlantique (celle, individuelle, des acteurs économiques privés, et celle, plus territoriale, des acteurs publics) afin de composer une vision commune et, partant, une stratégie globale et cohérente. La coordination entendait donc doter les acteurs d'un référentiel commun, par des journées d'information. Si ces réunions ont remporté un certain succès, elles n'ont pas été suivies d'une coordination effective, mais elles ont contribué à introduire une plus grande cohérence entre les actions individuelles, car chaque acteur disposait d'une information non seulement plus complète et plus exacte, mais encore commune à tous les acteurs ; par conséquent, et bien que cela ne soit pas mesurable, le résultat des actions individuelles a été plus proche de la situation optimale qu'il ne l'aurait été en l'absence de cette coordination.

Il semble que l'on s'oriente davantage vers une solution de coordination dans un cadre plus structuré et contraignant qu'une simple concertation à l'instar de celle ayant eu lieu dans le Morbihan. En effet, le rapport Carrère, en envisageant les moyens de mieux accorder les intérêts publics et privés en matière de transport et d'aménagement, indique notamment les possibilités d'amélioration afin que, lors des projets d'infrastructures, les enquêtes publiques préalables soient plus accessibles au public. Cela aurait le mérite d'impliquer la population au stade de l'élaboration définitive du projet, en ajoutant aux débats libres sur les objectifs et le tracé de la liaison envisagée, déjà existants, une instance d'évaluation et de suivi du projet créée spécialement afin de maintenir le dialogue entre les autorités décisionnelles et le public. Ce type de procédure pourrait éviter des situations de blocage telles que celle relative au tracé du TGV Méditerranée, dans le Sud-Est de la France. Le danger serait évidemment de ne parvenir qu'à en faire un simple organe d'expression supplémentaire qui se surajouterait aux autres, alors qu'il s'agit de les remplacer ou du moins de les coordonner.

Éclaircir les règles

L'examen des difficultés de positionnement vertical et horizontal des acteurs publics et privés n'est pas une simple vision de théoriciens en vue d'une amélioration du fonctionnement territorial. Les questions soulevées ici posent le problème du fonctionnement de la démocratie.

En effet, les institutions territoriales représentent les acteurs privés et leur donnent voix au chapitre des décisions, mais elles sont aussi censées censurer, contrôler, maîtriser leurs aspirations, condition indispensable à la bonne marche du système. Or les groupes de pression d'acteurs privés, constitués en dehors des instances territoriales, influencent le processus décisionnel au point qu'il n'est pas rare d'observer un décalage entre le poids réel des acteurs et leur représentativité territoriale, ce qui n'est pas sans poser des problèmes de fond quant au fonctionnement de la démocratie. Dans le cas du TGV Méditerranée, par exemple, l'action des associations de riverains vise à contester l'intérêt de l'infrastructure en tant que telle (et non pas seulement son tracé) face à la nécessité de préserver un site naturel de haute qualité. Leur critique radicale s'accompagne de moyens radicaux (blocage de trains, manifestations contre la SNCF et le pouvoir politique, critique des procédures de concertation) qui leur donnent un écho médiatique et par conséquent un poids dans la décision très largement supérieur à leur représentativité locale. À cet égard, un sondage SOFRES, effectué dans les départements des Alpes-Maritimes, des Bouches-du-Rhône, de la Drôme, du Gard, du Var et du Vaucluse, révèle en 1990 que 62 % des personnes interrogées considèrent que le TGV Méditerranée a plus d'avantages que d'inconvénients, et 66 % se déclarent favorables au projet [10].

Le flottement concernant les compétences publiques et les relations entre collectivités peut donc constituer un danger non négligeable, si cela doit les amener à un moindre pouvoir sur les actions privées et à une moindre efficacité dans leurs propres entreprises (ce qui accroît le risque de débordement par les acteurs privés). Il est donc important de clarifier le cadre dans lequel les différents acteurs en présence se meuvent.

1 "Compétences d'actions" s'oppose à "compétences réglementaires". Les compétences réglementaires concernent le pouvoir d'autoriser et d'interdire (pouvoir dévolu essentiellement à l'État), les compétences d'actions sont le pouvoir de faire ou de faire faire, et s'accompagnent des financements correspondants.

2 ...et ont, semble-t-il, mal abouti chez certains de nos voisins européens.

3 Cf., par exemple, les articles L. 121-126 du *Code des communes*, 23 et 59 de la loi du 2 mars 1982, selon lesquels "le conseil municipal (général, régional) règle par ses délibérations les affaires de la commune (du département, de la région)".

4 "Concurrence horizontale" et "concurrence verticale" : terminologie de A. Breton : "Supplementary Report", in : *Report of the Royal Commission on the Economic Union and Development Prospects for Canada, Supply and Services*, Ottawa, 1985. Cité par P. Salmon (1992).

5 *Id., ibid.*

6 G. Paris, "L'intercommunalité à l'honneur", *le Monde*, 2-3 février 1992.

7 P. Ghigliazza, *op. cit.*

8 A. Faujas, "Les infrastructures de transport doivent concilier décisions publiques et intérêts privés", *le Monde*, 23 juillet 1992.

9 Voir les articles de M. Paolini : "Lobbying : le siège de la forteresse Europe" (*la Tribune de l'Expansion*, 10 septembre 1992), et de M. Roland : "Les 'lobbyistes' sortent de l'ombre" (*la Tribune de l'Expansion*, 15 septembre 1992).

10 Cité par B. Gérardin, *Réseau européen de transport ferroviaire à grande vitesse : logique des acteurs*, p. 15.

BIBLIOGRAPHIE

BERNADET, M., *l'Europe des transports routiers. Institutions, textes, perspectives*, éditions Celse, 1989.

BONNAFOUS, A., "Le Marché commun des transports, ou les cacophonies des déréglementations", communication au premier forum sur *les Transports européens du futur* (Ludwig, Bölkom, Stuftung et Cesta), Munich, 14-16 septembre 1987.

BOURNAZEL, J., *le Conseil général et l'administration du département*, éditions du Moniteur, collection "Collectivités locales", 1988.

COMMISSARIAT GÉNÉRAL DU PLAN, *Transport 2010, rapport du groupe présidé par le Commissariat du Plan*, la Documentation française, 1992.

DATAR, *Guide pour les actions et études de prospective territoriale*, classeur *Prospective et territoires*, DATAR, 1991.

DATAR, Programme Institutions, "Les compétences : un partage et non une répartition", classeur *Prospective et territoires*, DATAR, 1992.

GAC, G., HUART, Y., CHETANEAU, V., *la Valorisation économique des grandes infrastructures de transport*, OEST, Paris, 1989.

GÉRARDIN, B., *Réseau européen de transport ferroviaire à grande vitesse : logique des acteurs*, papier préparé dans le cadre d'un "*twinning grant*" de la Fondation européenne des sciences, groupe Nectar "Politique des transports", INRETS, 1990.

GHIGLIAZZA, P., "Panorama statistique des collectivités locales", classeur *Prospective et territoires*, DATAR, 1991.

GUIGOU, J.-L., "La recomposition institutionnelle des territoires en France", classeur *Prospective et territoires*, DATAR, 1991.

NÉMERY, J.-C., "Les régions exercent-elles leurs compétences en matière économique ?", classeur *Prospective et territoires*, DATAR, 1991.

NÉMERY, J.-C., "Pour une territorialité nouvelle", classeur *Prospective et territoires*, DATAR, 1991.

SALMON, P., "Transfert de compétences et réallocation du capital social à la disposition des collectivités territoriales", communication au XLIe congrès annuel de l'AFSE, *la Localisation des activités économiques dans l'espace mondial*, session "La spatialisation de l'économie publique", Paris, 24-25 septembre 1992.

WACHTER, S., "L'action publique locale et la répartition des compétences", classeur *Prospective et territoires*, DATAR, 1991.

Chapitre 3
Les enjeux territoriaux des transports

François Plassard *

Il est toujours périlleux de chercher à percer le devenir du territoire à la lumière des transformations du système de transport, et cela d'autant plus que, dans ce domaine comme dans les autres, les méthodes de prospective relèvent pour une part du prolongement des tendances passées et, pour une autre part, de la projection dans l'avenir de nos souhaits, voire de nos fantasmes. À ce titre, les relations qu'entretiennent les transports avec les transformations de l'espace risquent, selon toute vraisemblance, d'être peu modifiées dans les vingt ou vingt-cinq prochaines années. C'est pourquoi les tendances observées dans les années passées, en particulier la concentration des activités et des personnes, se poursuivront. Mais certains changements sont décelables dès aujourd'hui, dont on peut se demander s'ils ne sont pas en mesure d'infléchir les transformations spatiales en cours.

Les logiques qui commandent aux investissements de transport et à l'aménagement de l'espace sont à la fois complémentaires et contradictoires : complémentaires car le développement économique appelle les transports sans lesquels il se heurte à des blocages ; contradictoires car l'amélioration des conditions de circulation dans les zones encombrées, au nom de l'efficacité économique, tend à accroître les inégalités spatiales.

---

* Directeur de recherche au CNRS, Laboratoire d'économie des transports, Lyon.

L'utopie de l'espace homogène

Pour une large part, la logique qui préside depuis la fin de la Seconde Guerre mondiale à l'aménagement du territoire repose sur une conception égalitaire de l'espace : il faut permettre à tous, habitants ou entreprises, quel que soit leur lieu de résidence ou leur implantation, de disposer des mêmes conditions d'accessibilité à l'ensemble des grands centres nationaux ou étrangers. Cette volonté est perceptible dès le dix-neuvième siècle. Le développement du chemin de fer a permis de desservir tous les chefs-lieux de départements puis, avec les réseaux métriques, les chefs-lieux de cantons. Les demandes des industriels pour disposer d'infrastructures de transport se sont largement appuyées sur cette conception égalitaire : ils concevaient qu'il était du rôle de l'État de permettre à l'industrie de se localiser à travers l'espace sans contraintes autres que celles relatives à l'activité économique, et d'effacer ainsi les disparités spatiales au moyen des infrastructures de transport. Cette exigence est encore d'actualité chez les industriels européens, qui réclament la réalisation la plus rapide possible des maillons manquants du réseau ferroviaire à grande vitesse à défaut desquels le développement de l'ensemble européen est compromis.

Mais cette conception se heurte, lorsque les nouvelles infrastructures de transport deviennent des biens rares, à la logique de l'efficacité économique, qui commande que ce soient les zones les plus encombrées, où l'insuffisance de transports constitue un risque de blocage, qui bénéficient en priorité des nouveaux investissements. Et les années de crise que connaît l'Europe depuis 1973 ont conduit à privilégier l'efficacité économique au détriment de la répartition spatiale. Les grands projets d'aménagement réalisés depuis correspondent davantage à une volonté de sauvegarder ou de créer des emplois dans des sites menacés par les reconversions en cours qu'à celle d'organiser l'espace selon des critères jugés prioritaires.

Efficacité économique et concentration

Depuis maintenant une vingtaine d'années, la logique de l'efficacité économique a ainsi pris le pas, sous la contrainte de la rareté, sur la logique de répartition. Et les méthodes de choix d'investissements retenues n'ont fait qu'accentuer cette tendance.

Face à une réduction sensible des investissements de transport, dont la part dans la création nationale de richesse a été progressivement réduite de moitié, il convenait d'expliciter les critères de choix. Le classement des projets selon leur taux de rentabilité collective conduit tout naturellement, en fonction des caractéristiques mêmes de cette méthode, à privilégier les investissements dans les zones à forte densité où des saturations apparaissent. En accompagnant ainsi l'activité économique, les décisions d'aménagement ont favorisé l'essor des régions les plus dynamiques, sans inverser les flux qui poussaient à la désertification de régions entières.

Cette logique de décision s'est d'autant mieux imposée qu'elle permettait au système de transport de renforcer son efficacité. Dans ce secteur caractérisé par des rendements d'échelles encore croissants, les entreprises de transport ont concentré leurs trafics sur quelques axes sur lesquels les coûts et les délais ont pu être réduits. Pour le transport de personnes comme pour celui des marchandises, le critère de l'efficacité économique voudrait ainsi que ne subsistent que quelques axes à fort trafic, bien équipés, bénéficiant d'une large dotation en infrastructures, sans risque de saturation.

Cette tendance à la concentration repérable dans le système de transport ne fait, en réalité, que refléter les mouvements de même sorte repérables dans l'ensemble des activités de production et de services. Même si, dans les années récentes, les petites et moyennes entreprises font preuve d'un nouveau dynamisme qui pousse à croire que ce sont elles qui permettront de sortir de la crise, ce sont les grands groupes et les grandes entreprises qui assurent une part majeure de l'emploi et de l'activité et qui déterminent les conditions dans lesquelles se réalise l'essentiel de l'activité économique.

Pour des raisons de sécurité, les entreprises privilégient aujourd'hui les localisations dans les grands centres urbains qui leur fournissent l'environnement le plus favorable, en termes de savoir-faire, d'accès à une main-d'œuvre diversifiée et de marchés. Pour les mêmes raisons, la population se concentre dans les agglomérations urbaines où le marché de l'emploi est plus ouvert.

La concentration constatée résulte donc de la convergence de facteurs apparemment indépendants, mais qui ont comme caractéristique commune de privilégier la logique économique. Les décisions relatives au système de transport ne font qu'accompagner et accentuer cette tendance, aussi bien dans le domaine de la gestion des entreprises de transport que dans celui des infrastructures. Tout se passe comme si, dans les transformations qu'a connues et que connaît encore le système de production, les gains de productivité avaient porté sur la gestion du temps de préférence à la gestion de l'espace. Les temps et les coûts de transport ont été réduits, mais au détriment d'une répartition spatiale des activités et des hommes : la concentration est sans doute le prix à payer pour ces améliorations de productivité.

Mais il n'est pas concevable de s'en tenir à ce seul constat de concentration spatiale, car on peut observer dans le domaine des transports quatre facteurs de changement à l'œuvre : le poids croissant des préoccupations d'environnement, l'évolution de la mobilité, l'accroissement généralisé des vitesses de transport et le développement des télécommunications, dont on peut se demander si elles ne sont pas en mesure de donner naissance à de nouvelles formes d'organisation spatiale.

Le poids de l'environnement

L'expérience récente a montré qu'il ne suffisait pas qu'une grande infrastructure soit décidée pour qu'elle puisse effectivement se réaliser, même si sa construction semble conforme à l'intérêt général. La décision récente concernant le tunnel du Somport ou la difficulté qu'ont l'État et la SNCF à trouver un tracé acceptable pour le TGV Méditerranée en sont les plus récentes illustrations. Ainsi, il sera de plus en plus difficile de construire de nouvelles infrastructures de transport, et de simples améliorations, aussi bien en termes de capacités que de mode de gestion, seront le plus souvent préférées à de nouvelles constructions.

Ces difficultés font apparaître des conceptions différentes, voire opposées, de l'environnement. Les infrastructures nouvelles sont le plus souvent refusées en raison des atteintes qu'elles portent à l'environnement local. Mais ces refus sont parfois mal articulés avec les éléments d'information dont on dispose aujourd'hui sur la préservation de l'environnement au niveau national, voire planétaire. L'exemple du TGV Méditerranée est significatif, puisqu'il est refusé au nom de la préservation de l'environnement local alors que certains mouvements écologistes reconnaissent clairement que la grande vitesse ferroviaire est préférable à la construction d'autoroutes qu'elle permet de différer.

De plus en plus, la construction de grandes infrastructures de transport, indispensables dans une conception globale d'aménagement de l'espace, se heurtera aux résistances liées à la préservation de modes de vie et de spécificités locales. Les méthodes d'évaluation dont nous disposons aujourd'hui ne sont pas en mesure de résoudre cette contradiction, et il est vraisemblable que cette situation sera un frein à de nouvelles réalisations.

Une mobilité toujours croissante

Agissant en sens opposé, les évolutions de la mobilité, aussi bien des personnes que des marchandises, commanderaient que des capacités nouvelles de transport soient dégagées, impliquant de nouvelles infrastructures. Face aux résistances évoquées précédemment, deux évolutions peuvent se dessiner : la première consiste à rationaliser l'exploitation des infrastructures existantes pour en accroître les capacités, la seconde à adopter de nouveaux comportements spatiaux.

L'accroissement des encombrements et des difficultés de circulation peut conduire les industriels à adopter de nouvelles pratiques spatiales. Le choix d'unités de production de grande taille desservant des marchés à l'échelle des pays, voire des continents, et alimentées dans des logiques de flux tendus, nécessite des transports à la fois faciles et peu onéreux.

On peut donc se demander si l'impossibilité de construire des infrastructures dans les zones denses, en raison même de cette densité qui pose des problèmes d'environnement plus aigus, ne va pas redonner une nouvelle chance aux zones moins bien desservies aujourd'hui. Déjà des mouvements de localisation d'activités s'amorcent à l'écart de la trop fameuse “banane bleue” pour éviter les saturations et les encombrements. Mais cet aspect positif ne doit pas faire oublier les zones denses d'aujourd'hui. N'ont-elles comme avenir qu'une gestion de leurs espaces par les seuls encombrements, d'autant plus que la demande de transport n'y décroîtra pas dans la décennie à venir ? Et les politiques tarifaires, souvent considérées comme la solution, auront-elles une efficacité économique suffisante sans générer des coûts sociaux insupportables ?

Un territoire marqué par la vitesse

Dans ces conditions, la mise en œuvre de nouvelles infrastructures permettant des vitesses de circulation de plus en plus rapides, comme la grande vitesse ferroviaire par exemple, est-elle à même d'apporter des changements radicaux dans ces perspectives d'évolution ?

Il faut tout d'abord rappeler que la grande vitesse suppose des trafics importants pour que soit envisagée la construction de nouvelles infrastructures : elle renvoie donc à la massification des flux évoquée plus haut. Dans la mesure où, comme cela a déjà été mainte fois souligné, l'accroissement des vitesses dans un réseau de transport se traduit par un allongement des étapes et donc une réduction du nombre des nœuds, la grande vitesse participe à cette concentration de l'espace que poursuivent les agents économiques au nom de l'efficacité.

Sous l'effet de l'accroissement des vitesses dans les transports, l'espace se transforme : schématiquement, on peut dire que des moyens de transport rapides ont pour conséquences de rendre l'espace discontinu, de le polariser et de le hiérarchiser davantage.

Le nouvel espace qui se constitue est un espace discontinu : seuls comptent les points d'entrée et de sortie dans le réseau. Il se produit ainsi un effacement des espaces intermédiaires qui donne naissance à un véritable "effet tunnel" puisque l'itinéraire n'a plus d'importance. À la différence des siècles précédents, où les infrastructures de transport généraient des activités tout au long de leur tracé, qu'il s'agisse des canaux ou des premières voies ferrées qui disposaient de nombreux arrêts, les infrastructures modernes, en raison des vitesses élevées qu'elles permettent, ne disposent que de peu d'arrêts. Les nouvelles voies de TGV, tout comme les autoroutes, ne sont que des tunnels à ciel ouvert et les réactions de rejet qu'a suscitées en Provence le TGV Méditerranée montrent bien qu'une infrastructure nouvelle rapide ne génère que des nuisances sur les zones traversées désormais sans arrêt.

Ces réseaux à faible nombre de nœuds renforcent ainsi la polarisation du territoire autour de quelques villes. Mais toutes ne sont pas d'égale importance, puisque la richesse d'un pôle dépend du nombre de destinations qu'il est possible d'atteindre, et non pas de sa simple présence sur le réseau.

Enfin, l'espace généré par les nouvelles technologies de transport, comme le train à son époque, puis l'avion et le TGV, est un espace dualisé dont les composantes obéissent à des logiques de fonctionnement totalement différentes. Il y a d'une part celui des nœuds situés sur les grands réseaux, les grandes villes à vocation internationale et quelques métropoles régionales, entre lesquelles il est possible de faire circuler rapidement aussi bien les personnes que les marchandises et les informations, le niveau d'accessibilité étant lié aux techniques de transport mises en œuvre. Et puis il y a l'espace banal, où la durée des déplacements est encore fonction de la distance, où les notions de proximité, de continuité et de contiguïté ont encore un contenu correspondant aux territoires que l'on parcourt et que l'on traverse, celui qui entoure les métropoles précédentes. On s'achemine ainsi vers la juxtaposition d'un espace banal et d'un espace réseau, et rien ne garantit que leur articulation pourra être assurée efficacement.

La grande vitesse ne résout donc pas les problèmes des régions peu denses, alors qu'elle permet à quelques lieux privilégiés d'entretenir des relations nouvelles et aisées entre eux. Derrière le réseau de la grande vitesse ferroviaire, c'est le réseau des nouvelles "eurocités" qui se profile.

Mais, comme les autres infrastructures, la grande vitesse ferroviaire se heurte aux préoccupations d'environnement : les contraintes liées à un tracé rectiligne pour autoriser des vitesses élevées rendent son insertion dans les sites denses ou fragiles de plus en plus difficile, même si les transports ferroviaires sont globalement moins agressifs pour l'environnement.

Un autre schéma de développement peut être envisagé pour la grande vitesse ferroviaire : si les gares de TGV sont pensées comme de véritables lieux d'interconnexion avec les autres modes de transport, urbains ou régionaux, la dualisation peut être atténuée et l'effet de la grande vitesse peut diffuser efficacement à travers l'espace régional, remettant ainsi en question la quasi-équivalence qui existe aujourd'hui entre grande vitesse et polarisation spatiale. Cela suppose à la fois qu'un effort considérable soit consenti pour améliorer la qualité et l'efficacité des transports régionaux et que les lieux d'interconnexion ne soient pas oubliés, comme c'est le cas aujourd'hui, dans les domaines de compétences attribués aux diverses collectivités territoriales.

Le faible impact des télécommunications

Les partisans de la conception plus égalitaire de l'aménagement ont souvent exprimé leur conviction que le développement des nouvelles technologies de communication viendrait redonner leur chance aux lieux aujourd'hui mal desservis en transport et fournirait des substituts efficaces aux déplacements physiques. Le télétravail permettrait ainsi de limiter les encombrements urbains, en permettant la réalisation à domicile d'une partie des tâches. Les facilités pour communiquer des données ou des images devraient, selon eux, ralentir la progression du nombre des déplacements physiques.

Ce discours utopique sur l'efficacité spatiale des nouvelles technologies de communication ne semble pas confirmé dans les faits, et cela pour deux raisons : elles deviennent progressivement un produit banal et elles ne concernent pas toutes les entreprises de la même façon. Pour qu'elles deviennent un élément important, voire déterminant, de la localisation des activités, il faudrait que l'accès aux services qu'elles procurent soit inégalement réparti dans l'espace et représente un coût important pour l'entreprise. Or, de plus en plus, les sites aménagés pour recevoir les diverses activités sont équipés d'accès à l'ensemble des réseaux : il n'est pas envisageable pour un aménageur d'offrir aujourd'hui des terrains qui ne disposeraient pas de l'accès aux divers réseaux de communication au même titre que l'électricité, l'eau ou l'égout. Ces technologies étant facilement accessibles partout, et à un coût que souvent les entreprises ignorent, permettent aux autres déterminants spatiaux de la localisation de jouer un rôle plus important. Leur développement a ainsi accompagné les stratégies spatiales des entreprises, favorisant leur concentration dans les zones urbaines, plus qu'il n'a suscité de nouvelles logiques spatiales. Pourtant les collectivités ont proposé aux entreprises des lieux baptisés pompeusement "zones de technologies avancées". Mais il ne faut pas oublier que seul un petit nombre d'entreprises a des besoins correspondant à ce type d'offre et que, pour une large part, il s'agit des entreprises travaillant dans le secteur de la communication (producteurs de logiciels, opérateurs de réseaux...).

Tout comme les transports routiers de proximité, le caractère "a-spatial" de ces technologies offre à certaines collectivités la possibilité d'attirer de nouvelles activités sur leur territoire. Mais il ne faut pas compter sur leur seul développement pour redonner aux régions défavorisées ou désertifiées les activités et les emplois qu'elles ont perdus.

En revanche, il est une dimension de la gestion de l'espace souvent méconnue que les nouvelles technologies de communication permettraient de réaliser : il serait en effet possible d'utiliser les zones abandonnées pour y stocker les produits ou les activités dangereuses et de les gérer à distance, grâce à des automates couplés à des réseaux de communication. La population, regroupée dans des lieux réputés sûrs, pourrait tout à la fois contrôler les risques et ne pas en subir trop fortement les inconvénients.

Dans cette réflexion prospective, il serait vain d'associer de façon plus ou moins déterministe le développement de telle ou telle technique de transport et de communication et telle forme d'organisation de l'espace. Les marges d'indétermination entre ces deux domaines restent très fortes, car les techniques peuvent donner naissance à des usages sociaux divers et imprévisibles.

Par contre, les choix déjà faits d'infrastructures à grande vitesse, de nouvelles techniques de communication, favorisent de fait une organisation de l'espace fondée sur la rapidité et l'efficacité économique. Il semble donc difficile de tenir à la fois un discours sur une meilleure répartition des activités et des hommes à travers l'espace, ce qui est une des options possibles d'aménagement, et en même temps de retenir des critères de choix des modes à privilégier et des liaisons à réaliser qui ne se fondent que sur l'efficacité économique et les possibilités de les financer par appel à des capitaux privés. Les formes d'organisation de l'espace pour les décennies à venir dépendent davantage de ces choix que de décisions de délocalisation somme toute marginales et qui surtout ne remettent pas en cause la logique de l'efficacité économique et donc de la concentration.

Chapitre 4
Les entreprises européennes et leurs réseaux de transport

Jacques Colin *

La polarisation des espaces logistiques des firmes et leurs stratégies de restructuration constituent un défi pour les réseaux européens de transport [1] : les industriels, les distributeurs et prestataires logistiques se répartissent les réseaux logistiques en investissant presque toujours les mêmes sites. La complémentarité de leurs organisations est devenue structurelle et stabilise de véritables chaînes logistiques intégrées. Des zones logistiques voient le jour, aménagées pour accueillir les différents acteurs des chaînes : nous verrons que les configurations possibles de réseaux sont limitées par ces aménagements.

Les réseaux logistiques

Les industriels développent trois types de logistiques, dans les domaines de l'après-vente ou le soutien (pièces de rechange), dans la distribution (produits finis) et dans la production (demi-produits), souvent associée à une logistique d'approvisionnement d'unités industrielles (composants, matières premières, fournitures). Selon le secteur dans lequel ils opèrent, l'attention qu'ils portent à chacun de ces domaines est variable. L'industrie de "haute technologie" se focalise sur la logistique de soutien (80 000

* Professeur de sciences de gestion, Centre de recherche d'économie des transports, université d'Aix-Marseille II.

références de pièces détachées gérées par Bull, et 400 000 pour Eurocopter) et une logistique de production et d'approvisionnement très flexible, apte à produire "sur mesure" (les hélicoptères fabriqués sont conformes aux spécifications du client, et tous différents !). Par contre, un industriel de l'agro-alimentaire consacrera ses efforts à la logistique de distribution physique et, de plus en plus, à celle de production lorsqu'il diversifie et adapte son offre aux fluctuations de son marché, multipliant ainsi les références proposées et les renouvelant sans cesse. (10 % des produits vendus par Yoplait en 1991 n'existaient pas en 1990. Rivoire et Carret dispose de 450 références.)

Depuis la fin des années quatre-vingt, les préoccupations des industriels tendent à converger vers les mêmes démarches : comment concilier des impératifs de productivité et de réduction des coûts (standardisation des produits et des process) avec ceux du service (personnalisation des produits et des services, process discontinus et changement rapide d'outils) ? Corrélativement, le nombre de localisations des différents sites logistiques (unités de production, entrepôts, plates-formes de groupage-dégroupage) diminue très rapidement, et leur interdépendance s'accroît (entre fonctions de l'entreprise, entre firmes, entre secteurs d'activité, entre pays) et transgresse les frontières qui les séparent.

En effet, l'ampleur des moyens financiers, matériels, organisationnels et humains à engager est telle qu'elle exclut leur dispersion. Ainsi RVI a réparti dans trois entrepôts "européens" ses pièces détachées en fonction du seul critère de fréquence des appels (plus de 12 fois par mois à Lyon : 8000 références gérées, entre 2 et 12 fois par mois à Caen : 8000 références gérées, moins de 2 fois par mois à Vénissieux : 100 000 références gérées). Bull a fait le choix d'un entrepôt central automatisé à Roissy qui livre chacune de ses 138 bases de maintenance en France chaque jour avant 8 heures pour toute pièce commandée avant 18 heures la veille, il peut aussi livrer, en tout point d'Europe, certaines pièces dans un délai de 4 heures. Becton-Dickinson (matériel médical) livre l'Europe à partir de 2 entrepôts en Belgique, de même que Fisher Price (jouets, 1 entrepôt en Belgique), Salomon (ski, 1 entrepôt en France), Electrolux (électroménager, 1 entrepôt en France), Honeywell (1 entrepôt aux Pays-Bas). On peut encore citer, à ce titre, Ericcson, IBM...

La tendance est à la centralisation des stocks de produits finis : Philips va ainsi passer d'une quinzaine d'entrepôts nationaux à 3 ou 4 entrepôts "régionaux" pour desservir l'Europe en 1993. C'est le choix vers lequel s'oriente Honeywell qui remet en cause son site unique européen, pour des raisons de performances en termes de service : des "retours en arrière" restent possibles, sans pour autant réhabiliter des aires logistiques strictement nationales.

L'usine européenne unique est encore une situation relativement rare : l'Euro-Plant de Johnson près de Rotterdam ; l'usine britannique de Fisher Price ; le groupe d'usines de Ducros-Épices près de Carpentras (France) ; l'usine d'assemblage de gros systèmes d'IBM à Montpellier ; l'usine d'assemblage d'Eurocopter à Marignane (France).

Par contre, la tendance à spécialiser les usines, chacune fournissant à l'ensemble du marché européen (ou mondial) une fraction d'une gamme complète, se généralise : c'est le cas de Roussel-Uclaf (pharmacie), qui passe de 6 sites majeurs multiproduits (1 au Royaume-Uni, 2 en France, 3 en Italie) à 3 sites spécialisés (1 par pays). Tous les constructeurs automobiles ont spécialisé leurs usines (et celles de leurs fournisseurs !) soit dans la fabrication de composants (les "équipementiers") ou de sous-ensembles (les constructeurs), soit dans l'assemblage et le montage final ; le consortium Airbus-Industrie a fait un choix identique.

Chez les distributeurs, l'intense mouvement de concentration qui s'est opéré depuis le début des années soixante s'est traduit dans un premier temps par la réduction sévère des points de vente (en France, Astra-Calvé livrait 200 000 points en 1960 !). De véritables zones commerciales se sont ainsi créées à la périphérie des villes, rassemblant sur un même site un grand nombre de détaillants et devenant de véritables terminaux logistiques pour les produits de grande consommation.

Un second mouvement de concentration commerciale touche l'Europe, celle du Nord en particulier. Les magasins, au lieu d'être directement livrés par les fournisseurs, le sont maintenant par les sites logistiques d'approvisionnement (gérés par les distributeurs ou par leurs prestataires) auxquels ils sont rattachés. Ce rattachement est quasi systématique en Grande-Bretagne et aux Pays-Bas, en plein développement en France, nouveau en Espagne. Ainsi, Astra-Calvé livre moins de 1000 points, Unisabi-Mars moins de 600 : en effet, une firme comme Intermarché, pour desservir plus de 2000 magasins, fait transiter ses approvisionnements par seulement une quarantaine de bases logistiques.

Pour le moment, la plupart des logistiques de distributeurs généralistes restent encore organisées sur un principe national, même pour les rares chaînes déjà internationalisées comme Continent et Auchan (qui deviennent Continente et Alcampo en Espagne). Quelques exceptions apparaissent chez certains distributeurs : Marks and Spencers utilise sa base logistique située dans le Kent pour livrer ses magasins en France, Continent approvisionne son hypermarché à Athènes depuis ses bases logistiques situées dans le Sud de la France.

Par contre, chez les grands distributeurs spécialisés, des outils logistiques transfrontaliers, voire européens, apparaissent : Ikea ouvre un entrepôt de très grande taille pour desservir le Sud de l'Europe, Benetton s'appuie sur un entrepôt automatisé près de Venise pour livrer l'ensemble de son réseau de magasins.

Les effets de polarisation logistique, au caractère nettement européen, que nous avons observés dans l'industrie, ne se retrouvent qu'exceptionnellement dans l'univers de la distribution, encore fortement marqué par les particularismes nationaux. Certains rapprochements qui s'esquissent (Casino en France avec Ahold aux Pays-Bas et Argyle au Royaume-Uni) se traduiront-ils demain par des consolidations logistiques européennes ? Nous pensons que la dynamique de l'européanisation de la distribution généraliste, dont on ressent les prémices, sera lente mais inéluctable par un mouvement de spécialisation de la distribution, très favorable à l'émergence d'un concept européen, aussi bien commercial que logistique. Des firmes comme Virgin-Megastore pour les livres et disques, Quelle et La Redoute pour la vente par correspondance, Décathlon pour le sport, Toys-US pour le jouet, Ikea pour le meuble, etc., diffusant des produits européens (ou partiellement européens), ne peuvent plus s'appuyer sur des logistiques strictement nationales.

Les transporteurs ont toujours été internationaux comme les commissionnaires (Saga, Scac, Kuhne et Nagel...), les armateurs (CGM,

SDV, Hapag, Maersk...) et les compagnies aériennes (Air France, Lufthansa, KLM, British Airways...). Ils privilégient certains sites, essentiellement portuaires et aéroportuaires, qui constituent autant de pôles logistiques (Rotterdam, Anvers, Marseille, Hambourg..., pour les ports, Londres, Paris, Bruxelles, Francfort..., pour les aéroports). Le fait récent (depuis le milieu des années quatre-vingt) est que les entreprises de transport terrestre sont de plus en plus impliquées dans la mise en œuvre effective des solutions logistiques élaborées par les industriels et les distributeurs. Ces derniers bâtissent de véritables chaînes logistiques qui entraînent alors les transporteurs dans leur dynamique européenne.

La messagerie, particulièrement lorsqu'elle est spécialisée, construit des réseaux européens (TFE et Salvesen pour la chaîne du froid), voire mondiaux pour les "*integrators*" (TNT, DHL, Fedex, UPS...). Elle fait alors le choix de structurer des réseaux d'autant plus hiérarchisés et centrés sur un ou plusieurs "*hubs*" (nœuds) qu'elle intervient sur le plan international.

Les prestataires logistiques, à qui les chargeurs confient tout ou partie de leurs opérations, se sont d'abord développés sur un plan national avant d'élargir leurs réseaux aux pays voisins (NFC, P&O, United Transport..., au Royaume-Uni ; FDS, Calberson, Stock Alliance..., en France ; Neddloyd, Pakhoed..., aux Pays-Bas ; Schenker, Haniel..., en Allemagne). Eux aussi élaborent des réseaux logistiques (entrepôts, plates-formes de groupage-dégroupage) centrés sur un ou quelques points forts, localisés soit au barycentre de leurs marchés, soit, plus souvent, au contact de leur principal marché (les grandes régions ou villes européennes : le Benelux, la Ruhr, les grands Londres et Paris, Hambourg, Francfort, Milan, Barcelone, etc.).

La typologie proposée (fig. 1) recense les neuf modèles de réseaux que nous avons observés, chacun regroupant et intégrant l'ensemble des sites possibles d'une chaîne logistique. Celle-ci peut être conduite en propre par un industriel ou par un industriel et un distributeur qui font, ou non, appel à un prestataire.

Ces différents modèles combinent, à des degrés divers, des sites à vocation nationale et/ou européenne, comme le montre la figure 2 : le modèle 1 est faiblement polarisé à l'échelle européenne, contrairement aux modèles 5 et 9 qui le sont fortement ; les modèles 2, 3 et 4 se trouvent dans une situation intermédiaire. Nous illustrons chaque modèle par des marchandises désignées par la marque de l'industriel qui les produit.

Les facteurs de polarisation

Globalisation des marchés

Les "cultures de consommation" commencent à s'harmoniser en Europe, particulièrement en ce qui concerne les biens d'équipement personnel (automobile, mobilier, électroménager, informatique domestique, etc.). Les produits de grande consommation sont beaucoup moins touchés par ce phénomène, du fait de la puissance des

Types de réseaux **Sites logistiques possibles**	1	2	3	4	5	6	7	8	9
Usine(s) rayonnant sur un marché national	X	X							
Usines spécialisées rayonnant sur un marché européen (elles peuvent échanger ou non leur production entre elles)			X	X	X				X
Usine européenne unique						X		X	
Entrepôt central par pays (d'industriel, de distributeur ou de prestataire)									
Plusieurs entrepôts centraux européens (d'industriel, de distributeur ou de prestataire)				X					
Entrepôt central européen (d'industriel, de distributeur ou de prestataire)		X			X			X	X
Usine unique européenne colocalisée avec un entrepôt unique européen							X		
Une ou plusieurs plates-formes de distribution ou d'éclatement rayonnant sur un marché national (d'industriel, de distributeur ou de prestataire)	X		X	X	X	X	X	X	

Source : élaboration personnelle.

Fig. 1 — Typologie des configurations de réseaux logistiques

différentes cultures des pays membres, qui font obstacle à la banalisation de démarches de marketing qui se veut européenne mais se révèle peu compatible avec des structures de distribution encore très nationales. Néanmoins, certains produits, de marque mondiale commencent à s'imposer : dans l'alimentaire (Coca-Cola), dans le jouet (Fisher Price), dans l'ameublement (Ikea), dans la confection (Benetton), dans le sport (Salomon). Ce sont soit de très anciennes marques (Coca-Cola), soit des produits d'apparition récente.

Modèle	**Logistique de production (usines)**	**Logistique de distribution (entrepôts et plates-formes)**	**Exemples**	
1	Nationale	Nationale diffuse	Rivoire et Carret-Lustucru (pâtes alimentaires)	*Polarisation faible*
2	Nationale	Européenne centralisée	Lacoste (confection)	*Polarisation moyenne*
3	Européenne diffuse	Nationale diffuse	Roussel-Uclaf (pharmacie)	
4	Européenne diffuse	Européenne centralisée et nationale diffuse	Ikea (meubles) SKF (mécanique)	
5	Européenne centralisée	Européenne centralisée et nationale diffuse	Honeywell (électronique) Electrolux (électroménager)	*Polarisation forte*
6	Européenne centralisée	Nationale diffuse	Coca-Cola (extraits secs de liquides alimentaires)	
7	Européenne centralisée	Européenne centralisée et nationale diffuse	Ducros-Épices (épicerie)	
7 bis	Européenne centralisée	Européenne centralisée et nationale diffuse	Fisher Price (jouets) Johnson (produits ménagers)	
9	Européenne diffuse	Européenne centralisée	Salomon (sport)	

Source : élaboration personnelle.

Fig. 2 — Le caractère euro-national des modèles identifiés

Par contre, les biens d'équipement professionnel (informatique gros système, matériel médical...) sont de plus en plus standardisés ou font l'objet d'une différenciation retardée pour s'adapter à des marchés nationaux spécifiques (produits pharmaceutiques), ou encore "configurés" au dernier moment (micro-informatique professionnelle). Ces opérations sont d'ailleurs grandement facilitées par le développement de prestataires, le plus souvent issus du transport, dont elles deviennent la spécialité (Logic-Line, filiale commune à IBM-France et à Calberson par exemple).

Centralisation des sites

La figure 3 met en évidence les caractéristiques essentielles de la marchandise (valeur du produit et volume expédié) et celles des livraisons (fréquences, régularité et urgence). Plus la marchandise se situe en haut à gauche de la matrice, plus on observera une centralisation des sites de production et/ou de stockage, et donc un très fort indice de polarité. À l'inverse, les marchandises situées en bas et à droite font l'objet d'une production et d'un stockage diffus, le plus souvent assurés par des sites (centraux et secondaires) très fortement hiérarchisés.

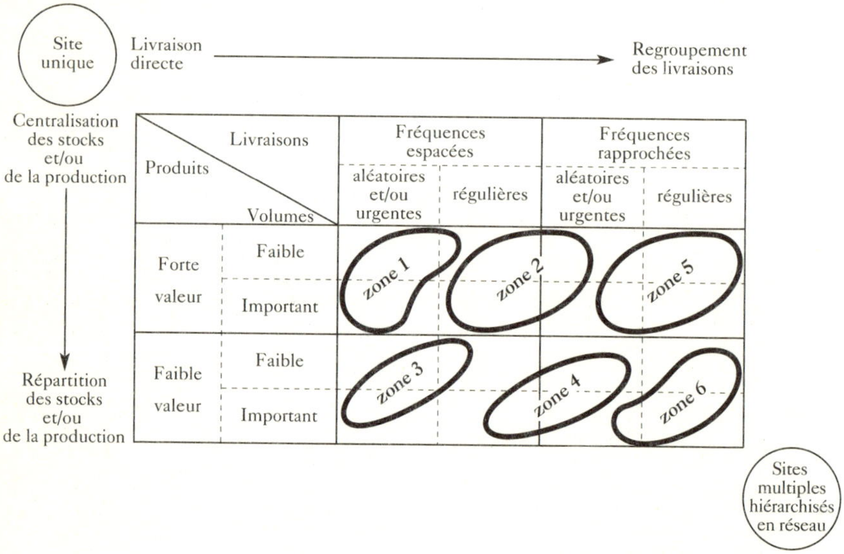

Source : élaboration personnelle.

Fig. 3 — Caractéristiques des marchandises et structure des réseaux

Six zones correspondent à des “familles logistiques homogènes” de marchandises assurées par des réseaux présentant des caractéristiques comparables :

— Zone 1, de très forte polarisation : biens d’équipements professionnels, pièces de rechange à très forte valeur, rarement demandés.

— Zone 2, de forte polarisation : biens d’équipement personnel à forte valeur (électroménager, automobile, micro-informatique).

— Zone 3, de forte polarisation : bien intermédiaires et pièces de rechange à faible valeur, faible volume et rarement demandés.

— Zone 4, de polarisation moyenne : biens intermédiaires et pièces de rechange à faible valeur, et faible demande mais à fort volume demandé (chimie, produits métallurgiques).

— Zone 5, de polarisation moyenne : biens de grande consommation à forte valeur et forte demande (pharmacie, confection, épicerie “riche”).

— Zone 6, de faible polarisation : biens intermédiaires ou biens de consommation à faible valeur, fort volume et forte demande (ciment, pâtes alimentaires).

Dans les économies européennes, on assiste à une augmentation régulière de la valeur des marchandises, à un fractionnement et à une diminution du volume des livraisons. Ce mouvement se traduit par la multiplication des marchandises qui relèvent des zones 1, 2 et 5 : il est donc très favorable à des réseaux fortement polarisés. Le traitement logistique des marchandises de la zone 1 se concentre dans un très petit nombre de régions (au plan des sites industriels, comme de stockage, parfois uniques pour l’Europe) très bien desservies par des moyens de transport directs et rapides (aérien, routier, voire combinés). Les marchandises relevant des zones 2 et 5 sont traitées dans un nombre limité de sites hiérarchisés, qui procèdent à des regroupements (de production, de stockage, de livraison) et font principalement appel au transport routier et, de plus en plus, au combiné.

Les marchandises des zones 4 et 6 de faible valeur unitaire, mais transportées en grande quantité, sont traitées dans des sites hiérarchisés largement répartis sur le territoire qui sont desservis par des moyens de transport à grande capacité (chemin de fer, fluvial, cabotage et route par charges complètes). Cependant, ces produits se raréfient et tendent à migrer vers les zones 2 et 5 : la chimie de base, la métallurgie s'orientent vers des productions de plus en plus spécifiques, de même que les biens de grande consommation à faible valeur recherchent des niches étroites qui les revalorisent (multiplication des riz haut de gamme par exemple). Les marchandises de la zone 3 sont, quant à elles, très rares (certains matériels électriques ou mécaniques très spécifiques, par exemple).

D'un point de vue global, il convient de souligner que ces évolutions favorisent l'émergence de zones logistiques à forte activité qui multiplient les échanges entre elles : les réseaux de transport actuels sont-ils adaptés à cette nouvelle donne ? À cet égard, l'actuel mouvement de déréglementation et d'homogénéisation des réglementations nationales joue en faveur de l'effacement d'espaces fortement différenciés. Un espace réglementaire européen se construit, favorable à la polarisation des logistiques sur quelques sites à vocation européenne.

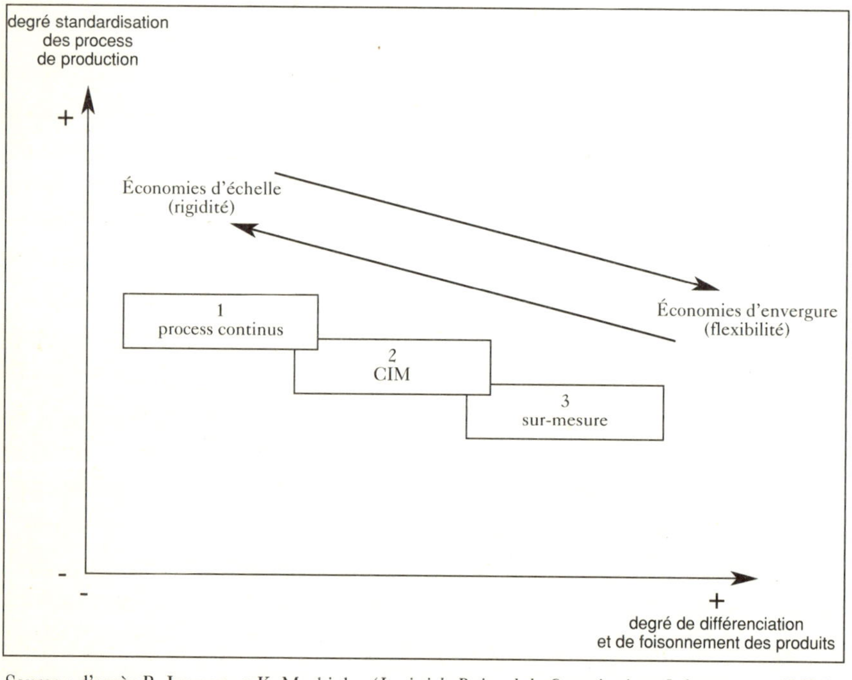

Source : d'après B. Janssen et K. Machielse (*Logistiek, Ruimteluke Organisatie en Infrastructuur*, INRO-TNO, Delft, 1988).

Fig. 4 — Recherche d'économies d'échelle et/ou d'économies d'envergure

Économies d'échelle et économies d'envergure

Les produits industriels se répartissent en trois grands types d'organisation spatiale (fig. 4). Le type 1 correspond à des industries aux flux faiblement différenciés (agro-alimentaire, chimie, sidérurgie, pétrole, etc.) : spécialisation et concentration industrielles sur un petit nombre de sites pour réaliser des économies d'échelle (séries longues). Les industries du type 2 relèvent du CIM (Computer Integrated Manufacturing) : mécanique, automobile, matériel électrique, micro-électronique, etc. ; elles sont fortement intégrées au sein de chaînes logistiques complexes et globales et nécessitent de nombreux sites étroitement coordonnés entre eux. Les industries qui réalisent des séries courtes, voire du "sur mesure" (gros systèmes électroniques ou informatiques, armement, aéronautique...), dispersent leurs sites dans l'espace. Néanmoins, la polyvalence de l'outil industriel, nécessaire pour dégager des économies d'envergure, a pour conséquence assez paradoxale de regrouper souvent sur un seul site les moyens de cette polyvalence (en matériels et surtout en compétences).

Développement des infrastructures

Le développement des grandes infrastructures de transport permet aux firmes de s'affranchir des viscosités de l'espace et de maîtriser les discontinuités spatiales de chaînes logistiques qui rayonnent sur une aire très étendue à partir de quelques sites. Ces infrastructures peuvent être de liaison (autoroutes, tunnels, lignes ferroviaires, canaux...) ou terminales (aéroports, ports têtes de lignes maritimes, chantiers multimodaux, zones de fret aménagées par des collectivités).

Le rapide essor des échanges de données informatisées (EDI) facilite l'éclatement spatial de firmes qui peuvent ainsi surmonter leurs discontinuités temporelles et assumer la gestion simultanée d'un réseau complexe de sites très dispersés.

Le mouvement de qualification et de diversification des compétences que connaît l'ensemble des entreprises du secteur des transports [2] contribue, lui aussi, à encourager les chargeurs à recourir à des solutions logistiques fortement consommatrices de transport, surtout dans le contexte actuel de chute des prix du transport.

Le défi de l'environnement

La polarisation des logistiques, dont les choix de localisation se portent sur un nombre restreint de sites européens, a pour effet d'augmenter les trafics sur les axes qui relient ces sites entre eux [3], au risque de les saturer. Elle engendre la congestion des régions logistiques terminales qui attirent ces flux et qui sont les zones urbanisées les plus denses. L'Europe doit donc chercher à assurer le financement d'infrastructures devenues insuffisantes (1500 milliards de francs sur les quinze prochaines années en France, d'après le rapport Bourdillon ; 493 milliards de deutsche marks jusqu'en 2010 en Allemagne, d'après le *Erste Gesamtdeutsche Verkehrswegeplan 2010* du gouvernement fédéral allemand), et ce sans nuire à l'environnement.

Un premier scénario pourrait conduire à un "trop plein logistique" sur un petit nombre de zones. Un réseau formé de taches et

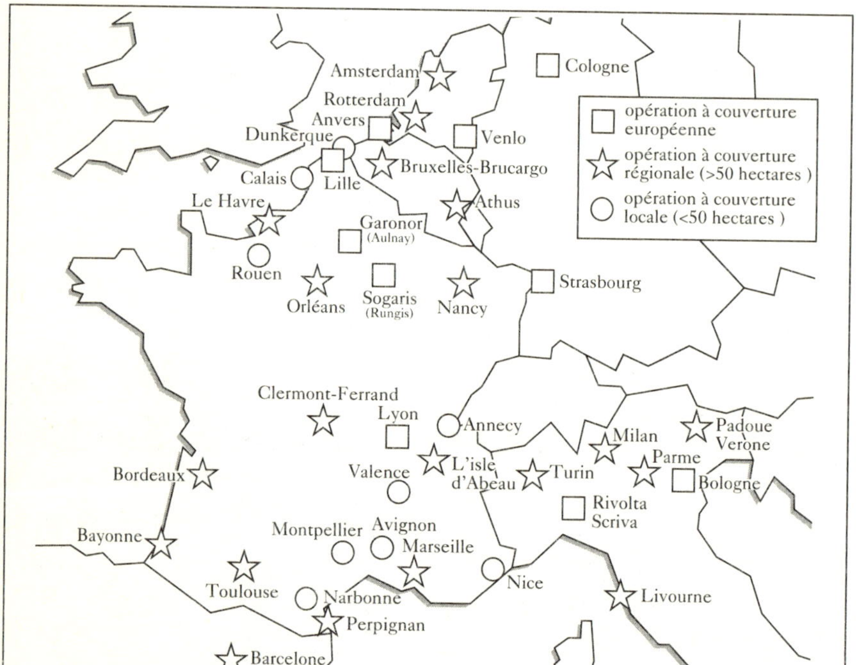

Source : CRET, 1991, d'après Daniel Boudouin.

Fig. 5 — Réalisations et projets de centres de transport-logistique

de couloirs logistiques contribuerait à créer des vides entre ses mailles : les inégalités de développement régional s'en trouveraient aggravées. La situation des différents pays européens est à cet égard très contrastée. En Allemagne, État fédéral, le développement économique des *länder* se traduit par de très fortes concentrations logistiques régionales, qui engendrent des saturations locales et des difficultés de connexion entre les différentes "taches logistiques" ainsi constituées. L'action publique dissuade ainsi toute initiative pouvant conduire à une polarisation d'activités logistiques sur le territoire de l'ex-RFA pour les reporter sur les *länder* de l'ex-RDA. Aux Pays-Bas, une large fraction du territoire est frappée d'un phénomène rémanent de congestion. La Grande-Bretagne concentre l'essentiel de son activité logistique sur une tache de 400 kilomètres de long et 200 kilomètres de large.

Quant à la France, État centralisé, elle connaît une très forte polarisation sur la région parisienne (logistiques nationales) et une saturation alarmante du couloir logistique rhodanien qui voit se superposer des trafics nationaux et intraeuropéens, le reste du territoire restant très largement vide. Les municipalités, les chambres de commerce, les Conseils régionaux cherchent à polariser des activités logistiques en aménageant des "centres de fret" et des "plates-formes multimodales" (fig. 5).

Un second scénario est possible. Le transport devenant une ressource rare, surtout si les investissements d'infrastructures étaient différés ou se révélaient inacceptables, les prix du transport s'élèveraient. Les firmes pourraient alors réviser leurs choix et inverser leur démarche de polarisation logistique, trop consommatrice de transport, pour revenir à des localisations plus nombreuses, plus régionales et d'un moindre rayonnement spatial. Certaines firmes commencent à remettre en cause leurs localisations polarisées, comme Honeywell, d'autres ont abandonné leur concept de site européen unique avant même de le concrétiser.

1 Ce chapitre s'appuie sur une recherche engagée par le Club Eurotrans pour la DATAR, qui a fait l'objet d'une présentation lors de la sixième Conférence mondiale sur la recherche dans les transports (Lyon, 30 juin-3 juillet 1992). Eurotrans regroupe sept équipes, spécialisées en transport de marchandises et en logistique, issues de six pays européens :

Progetrasporti, Milan, Italie (Sergio Bologna).
CRET, université Aix-Marseille II, France (Jacques Colin).
Technische Universitat, Hambourg, Allemagne (Dieter Lapple).
The Centre for Transport and Distribution, université d'Huddersfield, Grande-Bretagne (David Taylord, Tony Whiteing).
Intro-TNO, Delft, Pays-Bas (Kees Ruijgrok, Wim Wang).
Institut Cerda, Barcelone, Espagne (Frederico Sabria).
École nationale des ponts et chaussées, CERTES-LATTS, Paris, France (Michel Savy).

2 Notre communication : "L'informatisation des entreprises de transport routier de marchandises et la diversification de leur offre de prestation", sixième Conférence mondiale, citée.

3 Le taux de croissance des trafics de véhicules utilitaires sur autoroutes a été de 6,3 % en moyenne entre 1980 et 1989 avec des taux de croissance annuels de 15 % sur certains tronçons.

Chapitre 5
Régulation et tarification spatialisée des infrastructures

Fabien Leurent, Francis Papon *

Identifier la tarification spatialisée (différenciée selon l'espace et le temps) comme un moyen de régulation des flux de transport pour limiter le gâchis de la congestion ne constitue pas une analyse bien originale. Une prospective exige que soit étudiée la faisabilité technique et sociale (acceptabilité) d'une telle mesure. À ce stade, l'intérêt de la prospective demeure limité, car ses conclusions sont grossières : pour les affiner selon l'espace ou le temps, il sera utilisé un processus de simulation du système étudié, de façon à décrire non seulement les facteurs d'états finaux potentiels, mais encore des trajectoires d'évolution du système vers de tels états. Dans la planification et la gestion de l'offre de transport, l'intérêt d'une telle démarche est incontestable : il faut rendre possible le futur, donner des possibilités de croissance aux différentes portions du territoire, ce qui requiert notamment de disposer d'infrastructures de transport assurant un service de niveau satisfaisant. Une simulation des effets de diverses politiques d'offre le long de l'axe Lille-Paris-Lyon-Marseille à l'horizon temporel 2010 rend la prospective opérationnelle, en quantifiant les considérations de la prospective qualitative.

Notre exposé s'effectuera en trois temps : d'abord nous constaterons l'urgence de traiter la congestion le long de l'axe nord-sud

* Ingénieurs des Ponts et Chaussées, Département d'économie et sociologie des transports, Institut national de recherche sur les transports et leur sécurité.
Ce texte rend compte d'une recherche menée par l'INRETS à la demande de la DATAR sur la gestion spatio-temporelle et multimodale du trafic de voyageurs et de marchandises sur le corridor nord-sud français.

français. Ensuite nous décrirons les choix méthodologiques du projet de l'INRETS. Enfin nous analyserons des bases de données de trafic le long de l'axe nord-sud français, certains chiffres mettant en évidence l'intérêt de mener conjointement prospective et représentation par un modèle.

Décongestionner la circulation

Croissance des trafics et des encombrements

Le volume des trafics de longue distance s'accroît régulièrement en France. Parallèlement les phénomènes de congestion s'aggravent : encombrement de l'espace aérien, des axes ferroviaires de la vallée du Rhône, du tunnel sous Fourvière, les principaux modes de transport sont atteints. Cette croissance du trafic est bien sûr liée à un contexte socio-économique qui favorise le développement des échanges : ouverture des frontières à l'intérieur de la Communauté européenne, délocalisation et spécialisation des activités de production, élargissement des marchés, croissance des déplacements professionnels, élévation du niveau de vie, besoin de vitesse, développement des loisirs. Dans le même temps, l'intervention de l'État est limitée, le pouvoir des instances européennes et des collectivités locales accru, le recours au secteur privé encouragé. La multiplicité des intervenants et le coût élevé des capitaux contraignent fortement les stratégies de traitement de la congestion.

Les acteurs des transports inquiets de la congestion

Les usagers des infrastructures sont évidemment les premiers concernés par la congestion des transports. Ils s'inquiètent des retards et des surcoûts qu'ils auront à subir : rendez-vous d'affaires manqués à la suite de vols annulés ou déroutés, pertes des petits transporteurs routiers dont les camions sont immobilisés dans des encombrements, vacanciers renonçant à se rendre aux sports d'hiver à cause des temps de trajet trop longs qu'il leur faudrait supporter en voiture alors que les trains sont complets.

Les exploitants d'infrastructures de transport (SNCF, Direction de la sécurité et de la circulation routière ou Direction des routes, sociétés d'autoroutes, aéroports) ont un double souci opérationnel et financier : d'une part, ils veillent au jour le jour et, en prévision de l'écoulement des flux, répartissent la pénurie de sillons horaires et de capacité et, d'autre part, ils ont à assurer l'équilibre d'exploitation des exercices et à faire face aux besoins de financement pour des investissements nouveaux.

Les pouvoirs publics et autorités concédantes (Direction des transports terrestres, Direction des routes, Direction de l'aviation civile) ont le souci de l'application du "droit au transport", réaffirmé dans la loi d'orientation des transports intérieurs de 1982, en assurant un service public de transport accessible à tous, laissant le choix du mode, et préservant l'équité sociale. Cette équité des pouvoirs publics s'applique non seulement au plan social mais aussi au plan territorial, à travers la DATAR. Chaque "coin" du territoire national doit bénéficier d'une desserte pour permettre son développement économique. Ce souci est également une revendication des collectivités locales.

Enfin, les riverains et l'ensemble des citoyens ont le souci de préserver leur environnement, à la fois pour limiter les nuisances apportées par les circulations (intrusion visuelle, bruit, vibrations, pollution de l'air et des eaux) et, globalement, pour maintenir l'équilibre atmosphérique (effet de serre, destruction de la couche d'ozone).

La diversité de ces soucis rend difficile le traitement de la congestion des trafics de longue distance.

Un cas particulier prioritaire, l'axe nord-sud français

Le "corridor nord-sud français", Lille-Paris-Lyon-Marseille, constitue la colonne vertébrale du système de transport à longue distance en France. Cela tient d'abord à ce qu'il relie les quatre plus grandes métropoles françaises et supporte donc les flux interurbains les plus importants. De plus, il concentre une grande partie des flux internationaux provenant de la Grande-Bretagne, du Benelux, de l'Allemagne, de la Suisse, de l'Italie et de l'Espagne, et des grands ports de la Manche et de la Méditerranée. C'est la partie centrale de ce corridor, autant routière que ferroviaire, dans la vallée de la Saône et du Rhône, qui est la plus saturée. Sur ce tronc principal se greffent des branches dirigées vers des pôles générateurs de trafic (fig. 1). Citons parmi eux, en plus des quatre grandes métropoles françaises, les agglomérations de Londres,

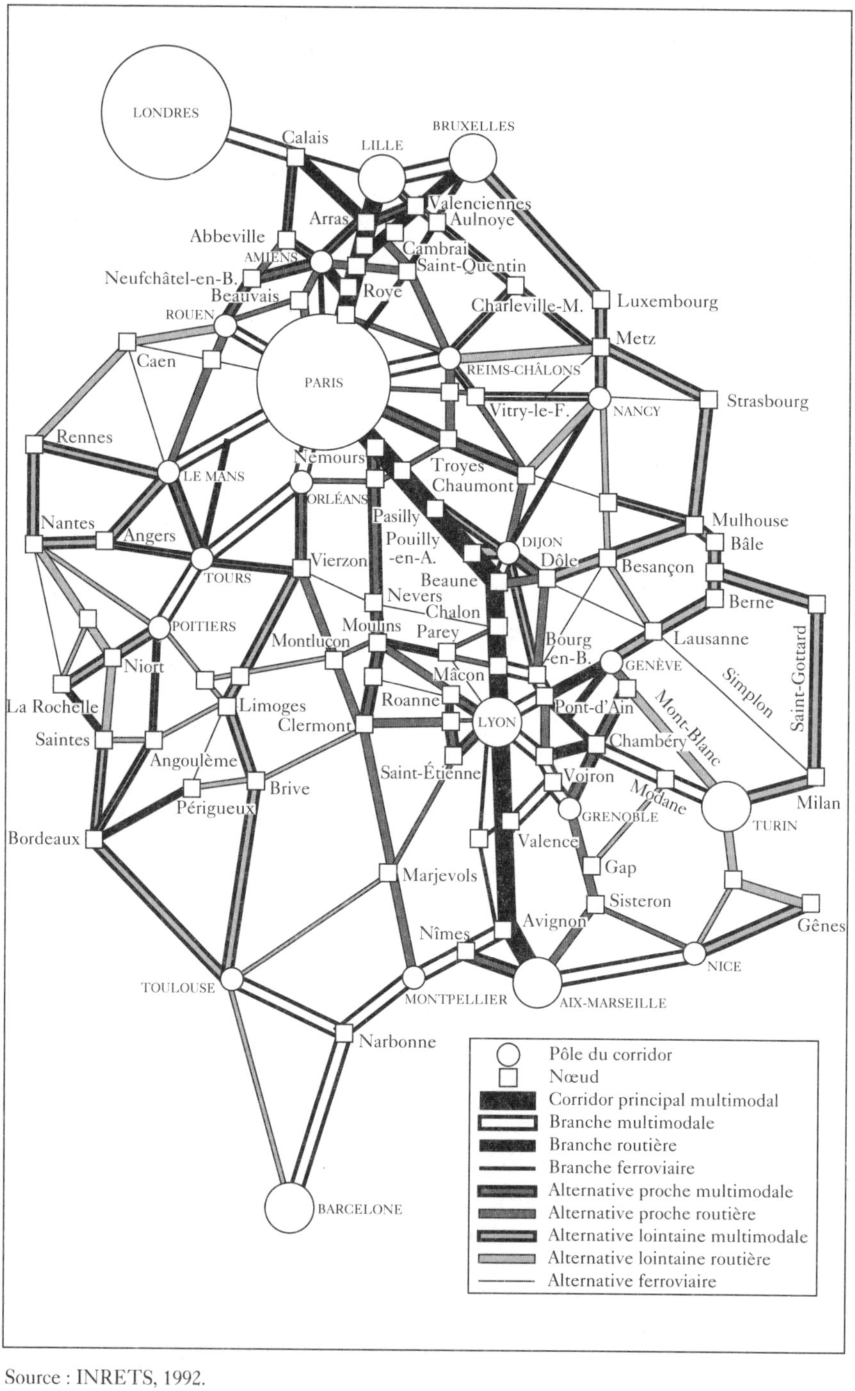

Source : INRETS, 1992.

Fig. 1 — Le corridor nord-sud français

Bruxelles, Amiens, Rouen, Le Mans, Orléans, Tours, Poitiers, Reims-Châlons-sur-Marne, Nancy, Dijon, Genève, Grenoble, Turin, Nice, Montpellier, Toulouse et Barcelone.

La circulation est intense pour tous les modes de transports, mais la route vient en tête, en captant les quatre cinquièmes des flux, soit au moins 80 000 véhicules par jour moyen en 1990. Grâce au TGV, le rail réalise une bonne performance pour les voyageurs entre Paris et Lyon, en représentant plus de la moitié du trafic routier nord-sud de voyageurs au niveau de Dijon (près de 70 000 voyageurs par jour et plus de 80 000 tonnes par jour). Pour les marchandises, la part du rail est plus grande pour les longues distances. Enfin, l'avion ne décolle que pour les voyageurs de plus longue distance. Sur la route, la circulation est le fait des poids lourds pour 25 à 40 % de la capacité utilisée, exprimée en unité de voiture particulière. Sur le rail, les marchandises constituent de 40 à 70 % des unités transportées, suivant les sections du corridor.

Les principaux encombrements surviennent le long de ce corridor : boulevard périphérique de Paris et tunnel de Fourvière à Lyon ; les conditions de trafic sont difficiles une bonne part de la journée en semaine, voire des journées entières lors des migrations des vacanciers.

Depuis 1985, les exploitants des grandes infrastructures le long du corridor constatent des taux d'accroissement du trafic très forts, dépassant 5 % en rythme annuel pour le trafic routier de marchandises sur certaines sections autoroutières. La possibilité du maintien de l'expansion impose de prévoir à long terme les moyens d'écouler la demande dans des conditions de circulation satisfaisantes.

Un outil de simulation

Rendre opérationnelle la prospective

Nous appellerons prospective qualitative l'exercice (ou l'art ?) qui consiste à identifier les tendances d'évolution à long terme (généralement un horizon temporel à vingt ans), les contraintes pesant sur l'évolution, les moyens d'action et leurs potentialités d'utilisation dans un pilotage de l'évolution dynamique du système. Cette démarche demeure largement une affaire d'expert, au sens où elle procède par combinaison d'un grand nombre d'observations ponctuelles tant du système que de son environnement, puis par une analyse personnelle des causes et des effets, avant d'aboutir à une sélection de tendances considérées comme plausibles.

La portée de cette démarche demeure globale, peu affinée : il y a révélation de faits, de facteurs, et non quantification que l'on pourrait chercher à détailler selon une dimension temporelle ou spatiale. Le processus même comporte des biais : dans une lecture personnelle de faits d'expérience dispersés, des préjugés peuvent se former qu'une analyse quantitative fine démentirait.

Aussi, lorsque l'importance du système étudié le justifie, devient-il naturel de chercher à nourrir la prospective par un va-et-vient vis-à-vis d'un modèle de représentation quantitative du système. Autrement dit, rendre opérationnelle la prospective en l'intégrant dans un processus de connaissance, de représentation et d'explication du système, dans lequel on pourra distinguer quatre fonctions :

— analyser (décrire et expliquer),

— représenter (projeter les hypothèses retenues dans un modèle),

— prospecter (imaginer les évolutions et renouveler le modèle),

— tester et évaluer.

Un tel processus se distingue de celui de la planification opérationnelle à plusieurs titres : son "opérationalité" ne procède pas d'un suivi continuel (et d'une adaptation) à l'évolution réelle du système, mais seulement du caractère appliqué de la méthode ; le modèle de représentation et la prospective se nourrissent l'un l'autre, au sens où les représentations issues du modèle encadrent la prospective et lui livrent des pistes, tandis que la prospective identifie des effets à incorporer dans le modèle ; enfin les critères d'évaluation d'une situation ne sont pas subordonnés aux vues d'un décideur : ils ne servent pas à sélectionner une variante parmi une liste d'options concurrentes, mais simplement à noter chaque variante, dont il faudra par ailleurs estimer la "probabilité" de survenir.

Le traitement de la congestion sur l'axe nord-sud français et le projet "Degagement"

En adoptant une démarche de prospective opérationnelle pour l'étude du traitement de la congestion sur l'axe nord-sud français, une foule de tâches apparaissent. Pour identifier les questions prioritaires et mettre en œuvre un outil de simulation qui permette d'y répondre, l'INRETS a engagé le projet de recherche "Gestion spatio-temporelle et multimodale du trafic de voyageurs et de marchandises sur le corridor nord-sud français", en abrégé "*DEGAGEMENT*" (Déplacements et envois : gestion de l'axe générateur d'encombrements selon le mode, l'espace, la nécessité et le temps).

Voici la première formulation du problème : déterminer la stratégie à mener pour faire face au développement des trafics de longue distance, en respectant au mieux les exigences auxquelles les soucis énumérés conduisent. Cette stratégie est constituée par une palette d'actions, complémentaires ou concurrentes, qu'il faut choisir et combiner.

Pour être plus précis, nous pouvons distinguer les actions sur l'offre, et les actions sur la demande. Les actions sur l'offre peuvent être de court, moyen ou long terme. Celles de court terme sont surtout des mesures d'exploitation visant à améliorer le fonctionnement des circulations, comme par exemple la création de goulots d'étranglement artificiels pour optimiser l'écoulement des flux en aval. Celles de moyen terme peuvent améliorer la capacité des infrastructures existantes, par exemple par des mesures de régulation électronique des autoroutes ou par l'emploi de voitures de chemin de fer à deux niveaux. Les actions de long terme concernent la création de nouvelles infrastructures. Ces actions sur l'offre exigent des arbitrages temporels (optimisation de la grille horaire des trains), spatiaux (doublement d'une autoroute saturée ou desserte d'un corridor parallèle enclavé) et modaux (développement du transport combiné).

Les actions sur la demande peuvent aussi être de court, moyen ou long terme. À court terme, il s'agit surtout de mesures d'information des usagers. À moyen terme, le recours à la tarification permet de limiter ou d'orienter la demande ; les mesures réglementaires aboutissent à la modification de certains flux (par exemple l'interdiction des poids lourds les jours de grand départ en vacances). À long terme, la réglementation pèse sur la génération des trafics, en orientant la localisation des activités ou l'organisation de l'économie. Ces actions sur la demande peuvent jouer également sur les trois registres temporel, spatial et modal en répartissant les flux selon ces trois dimensions.

Bien entendu, pour arbitrer entre les différentes solutions, il faut se fixer des critères de choix, qui peuvent varier suivant les points de vue adoptés. Les différentes approches possibles face au problème posé sont recensées dans la figure 2.

L'esprit du projet *Dégagement* est donc pluridisciplinaire, et ce dès le début de l'étude, pour identifier les contours du problème et le champ du possible, notamment sur les plans institutionnel, financier et technique. Cependant la suite de l'étude se situera essentiellement dans une perspective économique, car la prospective s'attachera aux actions sur la demande, plus particulièrement les effets du recours à la tarification.

Les liens entre prospective et modélisation dans "Degagement"

Nous décrirons ici l'influence des questions de la prospective sur les choix méthodologiques mis en œuvre dans "*Degagement*", en énumérant les principales questions, puis les principaux aspects de la modélisation qui permettront de les traiter. Les principales questions sont : comment, où et quand se manifeste (et se manifestera) la congestion ? Qui la cause (causera) et de quels groupes de demandeurs sont (seront) composés les trafics

Approches	Critères	Moyens	Mise en œuvre
Ingénierie	Capacité Conformité Fonctionnement	Offre supplémentaire Technologie	Construction Recherche et développement
Finance	Rentabilité Équilibre	Fonds	Institutions financières (systèmes bancaire, boursier et fiscal)
Économie	Efficacité Équité	Tarification, transferts, contrats	Acteurs économiques (entreprises, consommateurs, puissance publique)
Institutionnel	Adaptation Fonctionnement	Législation, réglementation, organisation	Administration
Environnement	Compatibilité avec l'environnement	Normes	Administration

Fig. 2 — Approches, critères, moyens et mise en œuvre face au problème posé

incriminés ? L'identification et la quantification des effets, des mesures de traitement (parmi lesquelles en priorité la tarification) ; quels sont (seront) les différents coûts (économiques, sociaux, environnementaux) de différentes emprises de la congestion sur le système de transport étudié ? Le modèle permet le débat, dans la limite d'hypothèses "implicites" (par exemple l'existence des services offerts est supposée connue de tous les demandeurs, même si leur appréciation des performances respectives des services est sujette à des variations aléatoires), à l'aide d'outils :

– des échelles spatiale et temporelle fines de traitement : plus de dix périodes horaires dans la journée, une codification des services réaliste (par exemple le réseau routier utilisé pour la France comprend plus de 1000 axes), des zones d'origine et destination des mouvements de la taille du département pour la France, adaptée pour l'étranger ;

– une représentation désagrégée de la demande : dans le cas des voyageurs, deux motifs, privé et professionnel, sont distingués, avec pour chacun d'eux 15 000 segments selon la valeur du temps, le moment souhaité de milieu de trajet aller et de trajet retour pour le voyage, la taille du groupe en voyage, la fréquence de voyages, la durée ; chaque segment mènera sa propre évaluation des services offerts, en considérant le temps de trajet, le coût monétaire... ;

– la prise en compte des effets d'offre de court et moyen termes sur la demande : trois effets sont représentés, d'abord l'effet direct (induction d'un mouvement suite à l'amélioration de l'offre pour ce mouvement : cf. l'induction de trafic SNCF à la suite de la mise en place du TGV de Paris vers Lyon), puis un effet de chaînage (l'amélioration de l'offre sur un maillon de déplacement composant le voyage augmente l'utilisation des autres maillons du voyage : si le TGV n'avait été mis en place que dans un sens entre Paris et Lyon, le trafic ferroviaire de l'autre sens aurait crû également), enfin un effet de glissement d'effectifs entre les segments par variation de l'offre (en poursuivant l'exemple, l'induction de trafic provient non seulement de nouveaux clients mais encore de clients présents qui se déplacent plus fréquemment).

Ces différentes caractéristiques de modélisation sont issues du modèle *Matisse* (Julien et Morellet, 1989) qui traite des trafics de voyageurs. La désagrégation de la demande comme la représentation des effets d'offre constituent des moyens considérables et très originaux pour répondre aux questions posées.

Un début d'expérience

Parmi les tâches figurant en première partie du projet *Degagement* (fig. 3), l'identification de la congestion a été menée aux plans théorique et empirique. Si les aspects théoriques sortent du cadre de cette présentation, en revanche la partie empirique, menée à partir de grosses bases de données de trafic, tant routier que ferroviaire, a donné lieu à des constats intéressants.

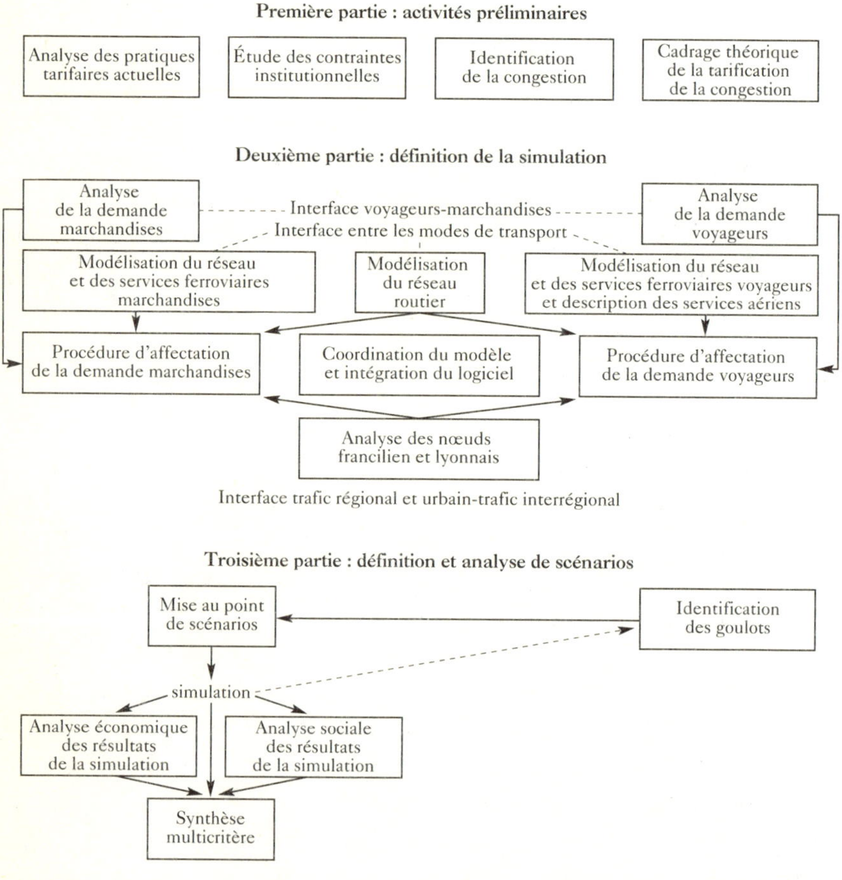

Fig. 3 — Le déroulement du projet Degagement

Importance absolue et relative des trafics concernés — En Europe, nombreuses sont les autoroutes dont le trafic dépasse 50 000 véhicules par jour, notamment aux Pays-Bas, en Belgique, en Allemagne, en Italie et en Grande-Bretagne, en raison de la plus grande densité en population de nos voisins européens. Ainsi, en Allemagne, le long du corridor rhénan, ce n'est pas une mais trois autoroutes qui se partagent les flux entre la Ruhr et Francfort.

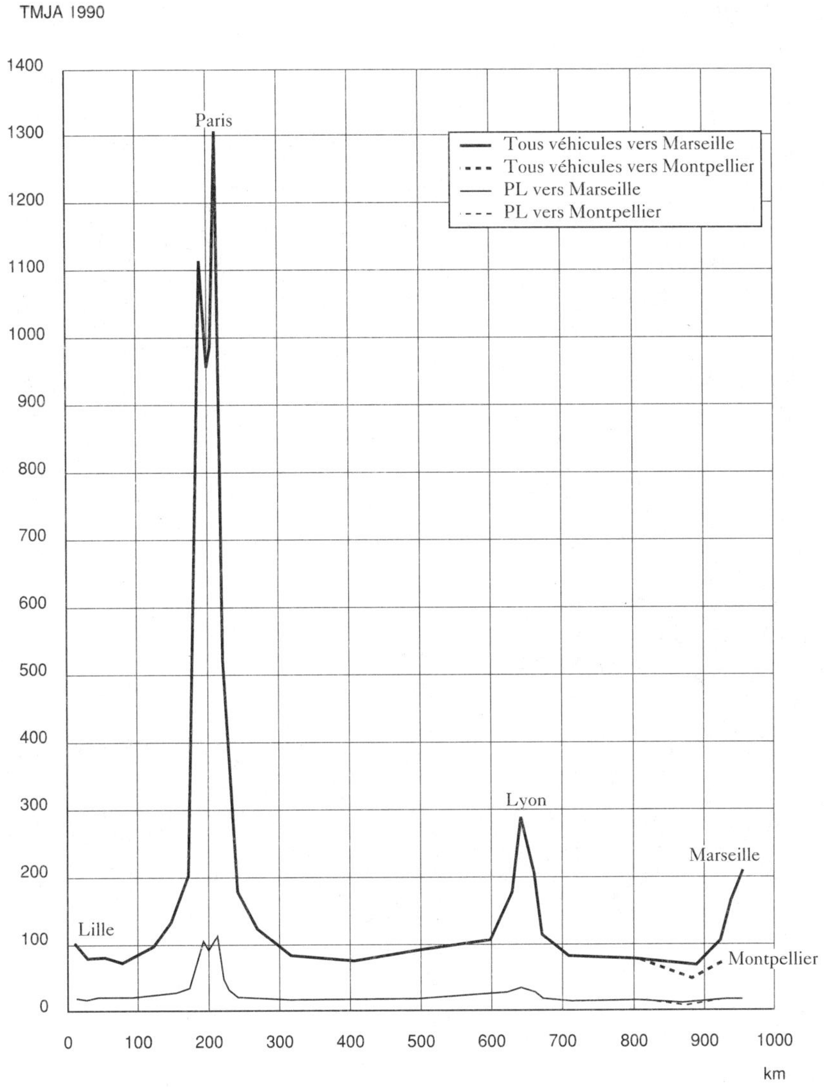

Fig. 4 — Trafic routier total du corridor nord-sud

Relativement, le corridor français paraît modeste : mais il supporte une part importante de trafics à longue distance. Sa fonction serait mieux mesurée en estimant, pour chaque échelle spatiale de mouvement (régional, interrégional, international), les tonnes kilométriques et les distances parcourues par les voyageurs.

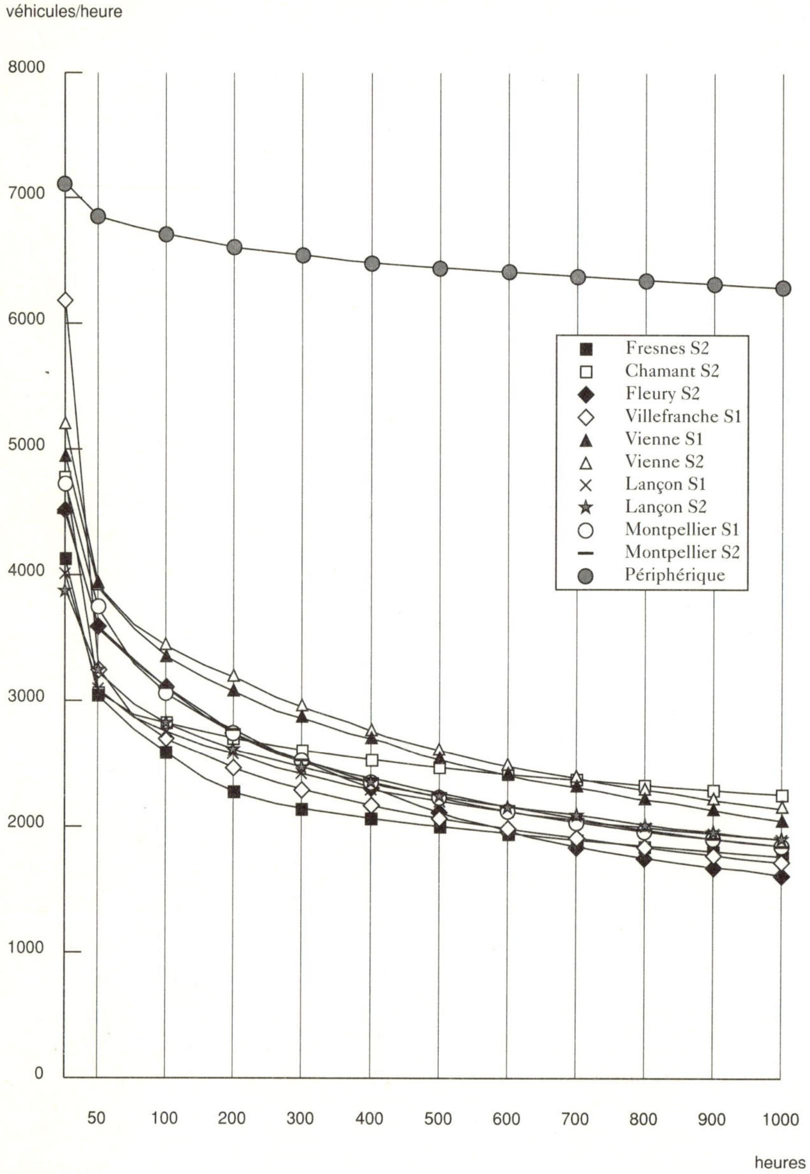

Fig. 5 — Les 1000 heures les plus chargées des axes autoroutiers

Le voisinage des grandes agglomérations, lieu des encombrements — Les flux interurbains sont limités vis-à-vis des flux considérables qui se bousculent à l'intérieur et au voisinage des grandes agglomérations. Ainsi, les flux routiers nord-sud à travers l'agglomération parisienne sont quinze fois plus intenses que les flux observés en rase campagne le long de notre corridor. Les problèmes de congestion surviennent donc surtout en agglomération : 85 % des bouchons sur les voies rapides et autoroutes sont relevés en Île-de-France, où la congestion est quotidienne et banalisée, alors qu'en rase campagne elle ne survient que certains jours exceptionnels.

Ces considérations s'illustrent (fig. 4) en étudiant le débit observé au cours des 1000 heures les plus chargées de l'année (qui en compte 8760). Sur les grandes barrières de péage de notre corridor (Fresnes et Chamant sur l'A1, Fleury et Villefranche sur l'A6, Vienne et Lançon sur l'A7, Montpellier sur l'A9), les courbes se limitent à un faisceau relativement étroit, qui ne dépasse le seuil de 4500 véhicules par heure pour trois voies que quelques heures par an. En revanche le boulevard périphérique de Paris présente un profil presque plat : pour trois voies, son débit excède 4500 véhicules par heure plus de 2200 heures par an.

Le poids réel des trafics de marchandises — Si les poids lourds représentent une part importante du trafic, leur impact sur la congestion est plus limité, en raison des restrictions de circulation promulguées à leur encontre et d'une répartition dans le temps de leurs besoins de circulation différente de celle des véhicules légers. Par exemple, au péage de Fleury en direction de Paris (fig. 6), la pointe totale de circulation a lieu les dimanches et fins de pont vers 19 heures, à un moment où le trafic de poids lourds est très faible car interdit. Pour les poids lourds, la pointe de circulation la plus notable a lieu les matins des jours ouvrables vers 5 heures pour approvisionner les marchés de l'agglomération parisienne : elle survient à une heure où les véhicules légers sont peu nombreux. Des travaux de recherche antérieurs (Chaigneau, 1989) ont montré la grande diversité des motifs de circulation des voyageurs lors des périodes d'encombrement. Il importe donc de descendre plus avant dans l'analyse, ce que doit permettre *Degagement* qui héritera du modèle *Matisse* la différenciation des déplacements de voyageurs en 15 000 segments par motif.

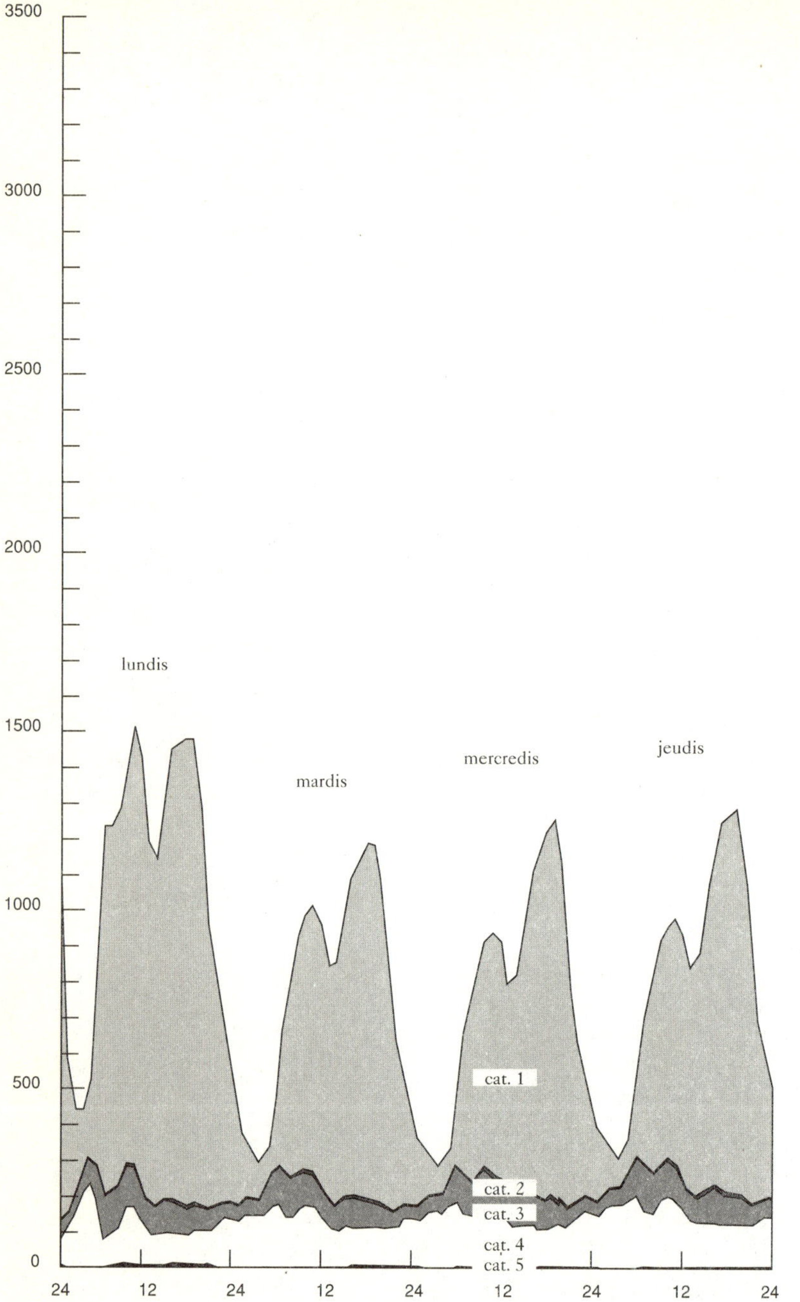

Fig. 6 — Courbe horaire moyenne de trafic sur l'A6 à Fleury vers Paris en 1991

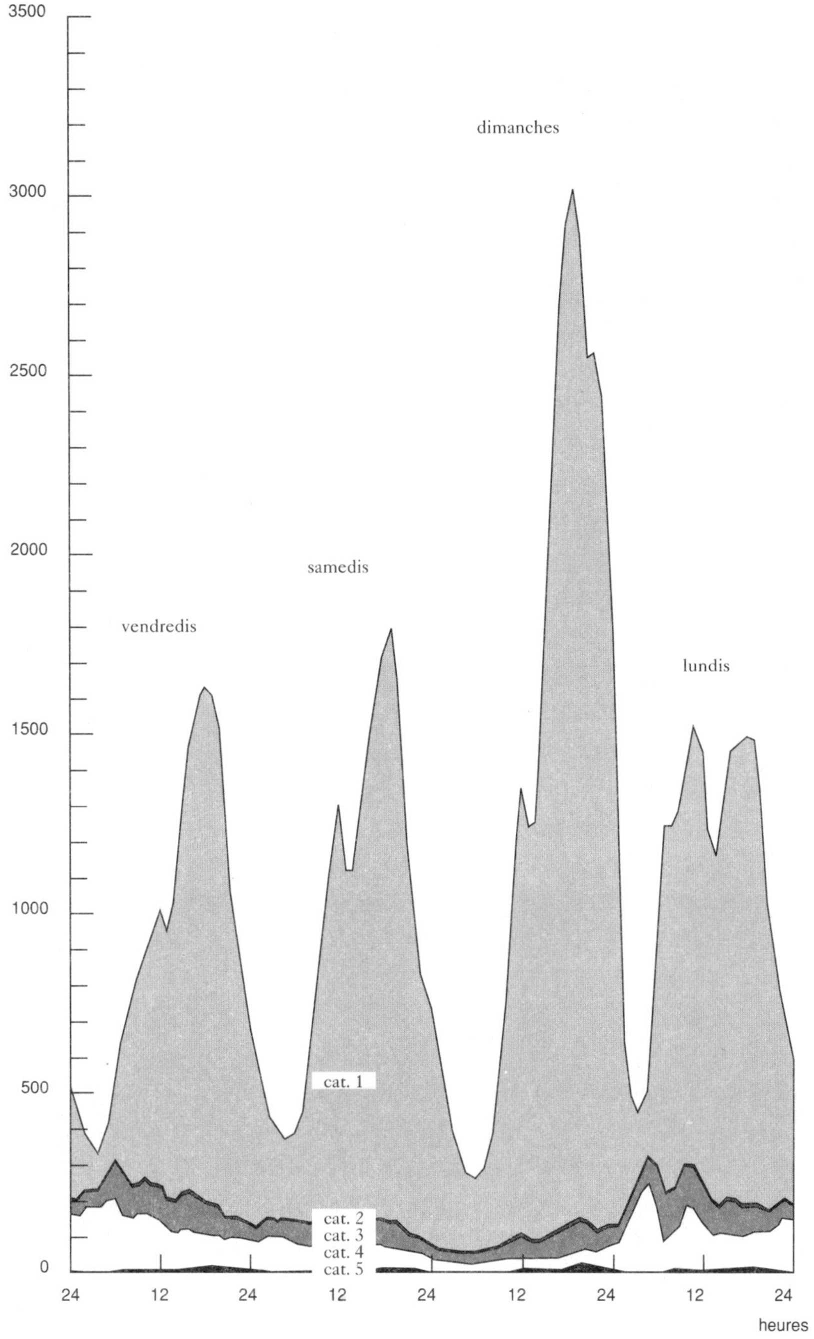

Fig. 6 (suite) — Courbe horaire moyenne de trafic sur l'A6 à Fleury vers Paris en 1991

Il est utile de chercher à gérer au mieux les difficultés ainsi mises en évidence : elles ne peuvent que s'amplifier dans l'avenir avec la croissance des trafics, et les limitations budgétaires et environnementales à la construction de nouvelles infrastructures. Il

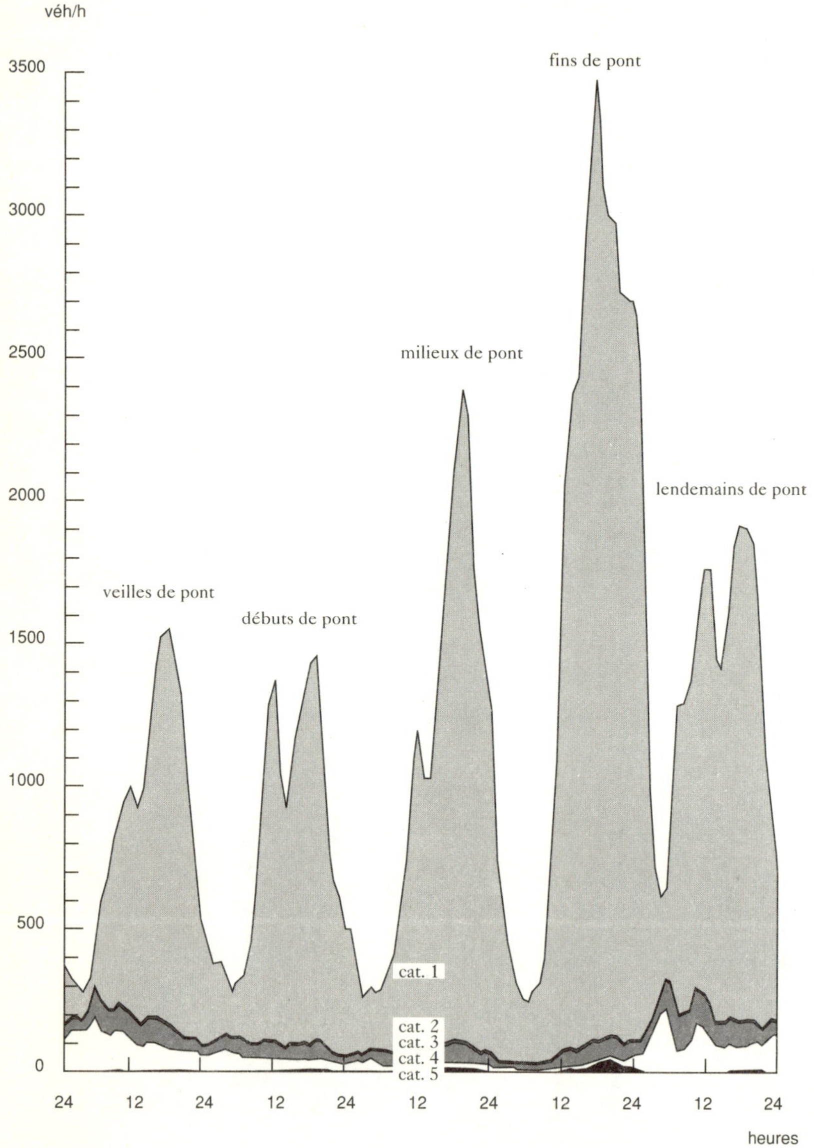

Fig. 6 (suite) — Courbe horaire moyenne de trafic sur l'A6 à Fleury vers Paris en 1991

s'agit d'abord de gérer au mieux les flux dans l'espace, en tirant le meilleur parti des itinéraires alternatifs, comme cela se fait déjà avec les informations diffusées par "Bison Futé". La SNCF également utilise l'ensemble de ses voies ferrées pour écouler les trafics le long du corridor, comme la voie Dijon-Lyon par Bourg, et Lyon-Avignon par la rive droite du Rhône (fig. 7). Mais pour aller plus loin, il sera sans doute nécessaire de faire appel à la tarification pour réduire l'utilisation des axes les plus saturés. Cela va certainement à l'encontre des habitudes car, situés dans les agglomérations, ils sont actuellement gratuits : selon la logique économique, la traversée de Lyon par le tunnel sous Fourvière devrait être plus coûteuse que son contournement.

Il faut aussi gérer les flux dans le temps, en incitant à mieux répartir le trafic dans l'année et dans la journée. À cet effet, la SANEF a déjà mis en place une modulation tarifaire sur l'A1, les dimanches soir vers Paris. Cette expérience pourrait être étendue à d'autres axes et à d'autres jours. Mais il semble difficile de l'appliquer aux endroits où se concentrent les difficultés, c'est-à-dire en milieu urbain, faute de péage existant.

Enfin, il faut gérer les flux en utilisant l'ensemble des modes de transport, en veillant notamment à ce que, par la concurrence modale, les usagers puissent choisir efficacement. La sous-tarification actuelle patente du transport de marchandises nuit au développement d'une offre alternative à la route.

Le début d'expérience du projet *Degagement* amène trois constats empiriques majeurs à propos de la congestion du corridor nord-sud français : l'importance des conflits entre les trafics d'échelles géographiques différentes pour le mode routier, le rôle réel joué par les poids lourds dans les situations de congestion, l'utilisation avancée des alternatives spatiales pour les trafics ferroviaires de marchandises. Ces premiers résultats justifient le recours à ce que nous avons appelé la prospective opérationnelle : dans l'étude d'un système complexe, la prospective qualitative seule ne suffit pas, il faut un instrument de projection des différents faits et conceptions pour élaborer des représentations satisfaisantes du système. La prospective qualitative, qui suspecte et révèle mais ne mesure pas, qui reste sensible à des jugements trop rapides, qui prête aux acteurs des rationalités trop proches de celle de l'expert, est ainsi avantageusement complétée. Réciproquement, l'apport de la prospective aux modèles ne fait pas de doute : le modèle *Matisse*, à la base de *Degagement*, en témoigne dans ses principales caractéristiques.

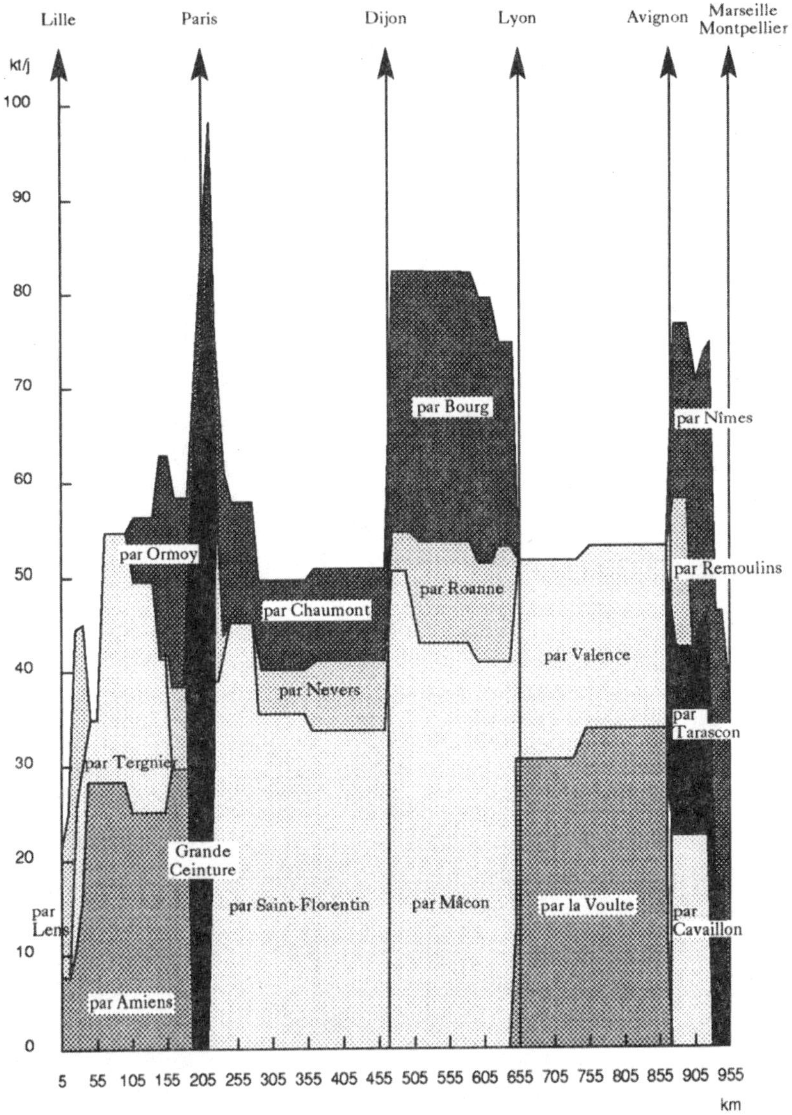

Fig. 7 — Répartition du trafic ferroviaire de marchandises le long du corridor nord-sud

Bibliographie

Autoroutes du Sud de la France, *Données relatives aux encombrements, aux tarifs, aux trafics horaires et aux matrices origine/destination en 1991*, ASF, Vedène, 1992.

Chaigneau, E., "La répartition temporelle des déplacements et les pointes de trafic", in Inrets, *Un milliard de déplacements par semaine*, la Documentation française, 1989.

Inrets (Leurent, F., Milot, J., Papon, F.), *Rapport de la tâche T3 du projet* Degagement, rapport de convention INRETS-DATAR, INRETS, Arcueil, 1992.

Julien, H., Morellet, O., *Matisse : un modèle intégrant étroitement induction et partage modal fin du trafic*, rapport INRETS, n° 129, 1990.

Société des autoroutes Paris-Rhin-Rhône, *Données relatives aux encombrements, aux tarifs, aux trafics horaires et aux matrices origine/destination en 1991 et 1992*, SAPRR, Paris, 1992.

Société des autoroutes du Nord et de l'Est de la France, *Données relatives aux encombrements, aux tarifs, aux trafics horaires et aux matrices origine/destination en 1991*, SANEF, Paris, 1992.

Setra, *Évaluation de la saturation à terme des autoroutes A7 et A9 et des mesures envisageables pour y remédier*, rapport provisoire, SETRA, Bagneux, 1992.

Setra, *Recensement de la circulation sur les routes nationales et autoroutes 1990*, coffret de cartes du SETRA, Bagneux, 1992.

Sncf, *Trafic marchandises, débit journalier moyen par section de ligne en milliers de tonnes transportées, 1990*, SNCF/Direction des études, de la planification et de la recherche/Département statistiques, Paris, 1991, carte.

Chapitre 6
Une accessibilité renouvelée

Colette Cauvin, Jean-Paul Martin, Henri Reymond *

Le passage du réseau ferroviaire européen à un ensemble de lignes à grande vitesse pose un certain nombre d'interrogations : s'agit-il d'une amélioration générale des liaisons ferroviaires — les trains à grande vitesse intégrant le mieux possible les anciens réseaux ? S'agit-il au contraire des mêmes erreurs qu'au dix-neuvième siècle en France qui ont mené à des réseaux partiellement disjoints, impliquant une imbrication fonctionnelle minimale pour en parcourir la totalité ? S'agit-il enfin d'un mode de locomotion aussi différent du train que la voiture et l'avion, ou simplement de la forme nouvelle d'un mode de transport qui voit ainsi sa performance renouvelée ? Pour répondre à ces questions, nous allons tenter de vérifier certaines hypothèses dont la principale serait la suivante : "Train et TGV créent des espaces à deux vitesses, distincts mais reliés. Les TGV améliorent globalement l'ensemble des liaisons quelles que soient les villes prises en compte, mais des inégalités demeurent et même ont tendance à s'accentuer : les hiérarchies urbaines associées se modifient et s'écartent partiellement des organisations géographiques héritées. Les TGV ne sont pas des «instruments d'homogénéisation» de l'espace".

Nous présenterons brièvement les données collectées et préciserons les caractéristiques générales des deux réseaux. Nous montrerons ensuite l'existence d'une hiérarchie des villes européennes

* Université Louis-Pasteur, Laboratoire de télédétection, recherche urbaine, cartographie. Avec la collaboration de Gérard Schaub.

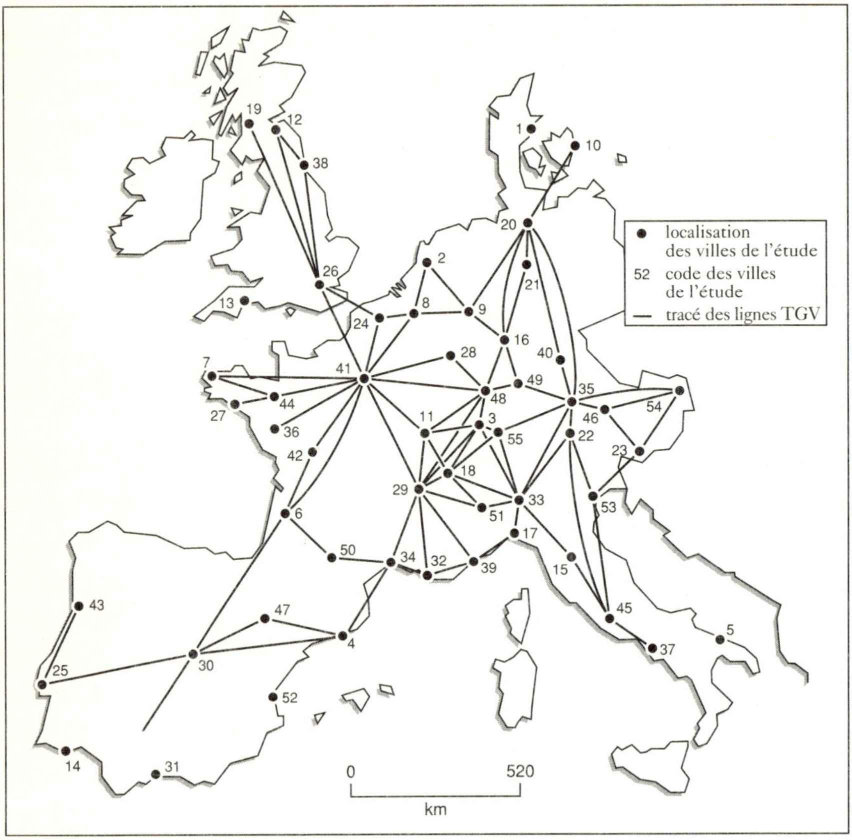

1	Aarhus	15	Florence	29	Lyon	43	Porto
2	Amsterdam	16	Francfort	30	Madrid	44	Rennes
3	Bâle	17	Gênes	31	Malaga	45	Rome
4	Barcelone	18	Genève	32	Marseille	46	Salzbourg
5	Bari	19	Glasgow	33	Milan	47	Saragosse
6	Bordeaux	20	Hambourg	34	Montpellier	48	Strasbourg
7	Brest	21	Hanovre	35	Munich	49	Stuttgart
8	Bruxelles	22	Innsbruck	36	Nantes	50	Toulouse
9	Cologne	23	Klagenfurt	37	Naples	51	Turin
10	Copenhague	24	Lille	38	Newcastle	52	Valence
11	Dijon	25	Lisbonne	39	Nice	53	Venise
12	Édimbourg	26	Londres	40	Nuremberg	54	Vienne
13	Exeter	27	Lorient	41	Paris	55	Zurich
14	Faro	28	Luxembourg	42	Poitiers		

Auteurs : C. Cauvin et M. Deblanc ; dessin : A. Maurer.

Source : Service de la prospective, SNCF.

Fig. 1 — Simulation TGV à l'horizon 2015 [1]

sélectionnées, hiérarchie partiellement modifiée entre 1987 et l'horizon 2015, étayée d'exemples de modifications de hiérarchies.

Des espaces fonctionnels qui se contractent

Comment appréhender les changements dus à l'introduction des TGV ? C'est notre démarche que nous exposerons dans un premier temps, avant de relever les transformations et leurs modalités.

Desserte ferroviaire

Dans des études précédentes sur l'Europe de l'Ouest [2], nous avions sélectionné des villes importantes pour leurs activités économiques, touristiques ou politiques en tentant de préserver une couverture à peu près régulière de la zone européenne concernée. Dans le cas présent, 55 villes ont été retenues (fig. 1).

Notre approche de l'accessibilité s'appuie sur les temps nécessaires pour relier chaque paire de villes, ce qui représente 2970 liaisons (55*54) à collecter. Pour l'époque concernée 1987-88, les horaires ont été relevés dans les annuaires ferroviaires, en prenant les déplacements les plus courts compte tenu des correspondances et des temps d'attente. Pour les TGV, les informations ont été essentiellement fournies par le service de la prospective de la SNCF ; les données recueillies correspondent aux temps de liaisons de ville à ville, indépendamment des temps d'attente, puisqu'en principe, ces derniers devraient être désormais réduits au minimum [3].

En raison des sources et de la nature même des informations, les temps d'accès ferroviaire et temps de liaison TGV n'étaient pas directement comparables ; nous avons dû, pour ce faire, introduire une notion supplémentaire : celle des temps de trajet ferroviaires, temps de déplacement actif, c'est-à-dire lorsque les trains circulent. Les pertes de temps, lors des correspondances, ont donc été éliminées ; seuls les cas particuliers de la traversée de Paris et de la frontière espagnole ont encore été pris en considération. Pour Paris, un temps moyen de parcours a été calculé entre chaque gare, ajouté au temps total de la liaison pour les correspondances à l'intérieur de la capitale. Quant à la frontière espagnole, où le changement de largeur des voies implique un arrêt technique, un temps moyen calculé a été ajouté [4]. Il fallait en tenir compte pour mettre en évidence les changements, puisque l'on sait par ailleurs que les Espagnols ont accepté que les nouvelles voies soient au même écartement que les voies normalisées européennes.

Les données comparées et étudiées sont donc, d'une part, les temps de trajet actif pour les trains actuels modulés par les traversées de Paris ou de la frontière espagnole et, d'autre part, les temps de parcours où s'intègrent les lignes de TGV prévues dans le cadre des différents projets directeurs [5]. Ces données se présentent sous la forme d'un tableau symétrique pour le TGV et symétrisé après vérification pour les trajets ferroviaires [6]. Elles vont permettre d'appréhender l'ensemble des deux réseaux soit par le calcul de

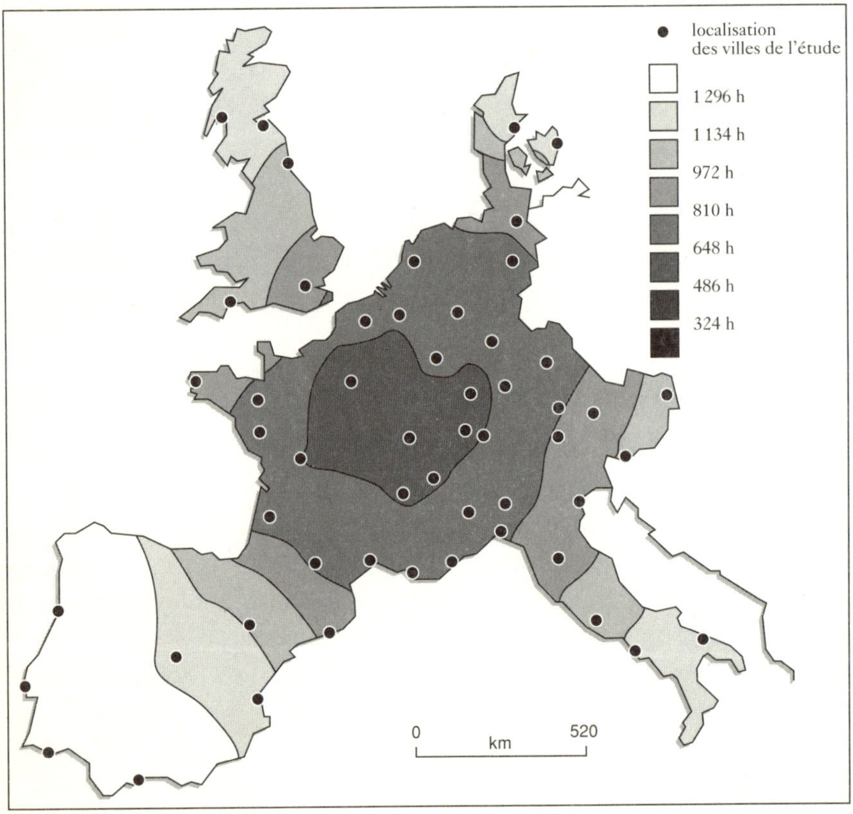

a) Train 1987

D'après annuaires des compagnies ferroviaires.
(Données : matrice symétrisée des temps de trajet)

Fig. 2 — Accessibilité globale

l'accessibilité globale, soit en tenant compte de chacune des liaisons. Un changement dans la politique des jonctions à réaliser par les TGV entraînerait, bien sûr, des modifications dans l'image cartographique résultante.

Une accessibilité dominante en "Y"

À partir des tableaux des temps d'accès, nous avons établi l'accessibilité globale en calculant la somme en lignes des matrices, quantité qui représente le temps d'accès d'une ville à toutes les villes de son réseau, donc de l'accessibilité d'une ville à l'ensemble du réseau. Plus ce temps est faible, meilleure est l'accessibilité. Pour

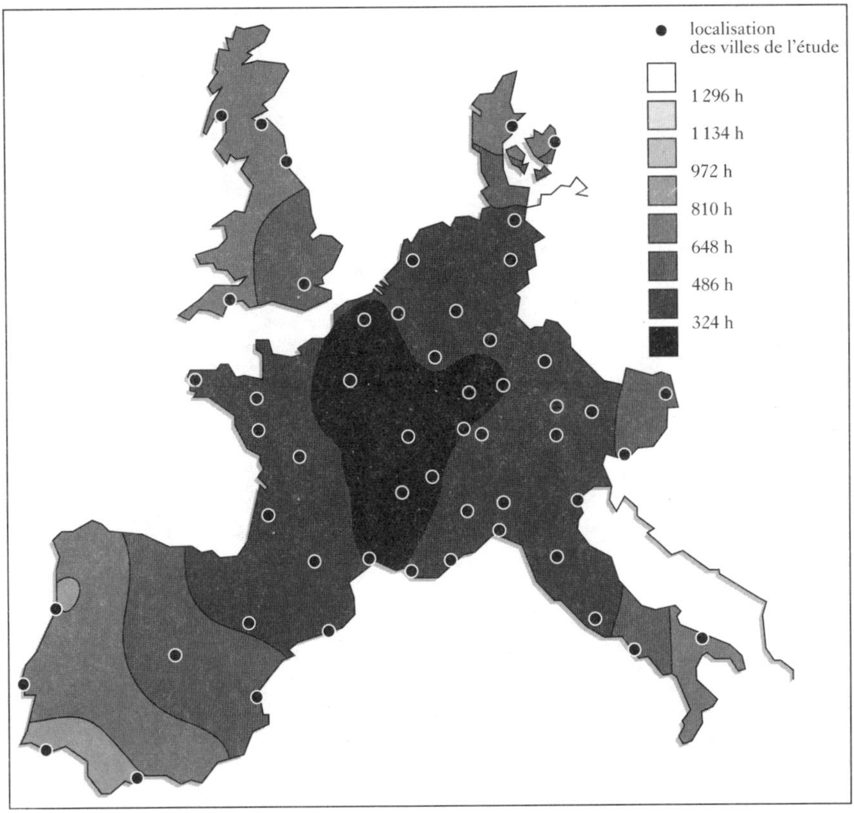

b) TGV 2015

D'après SNCF 1990.
(Données : matrice symétrique des temps de trajet)
Auteurs : C. Cauvin et M. Deblanc (CCS, logiciel Uniras ; programmation A. Serradj et D. Badariotti).

Fig. 2 (suite) — Accessibilité globale

faciliter les comparaisons, nous avons retenu les mêmes classes pour les deux cartes, soit de 3 heures en 3 heures. Précisons que, globalement, la moyenne des temps de trajet est approximativement égale à deux fois celle des temps des TGV (922 heures contre 448 !).

La carte du réseau ferroviaire (fig. 2a) montre le rôle de la “géographie” : une zone centrale, comprenant Paris, Dijon, Lyon, Genève, Bâle et Strasbourg, est marquée par une forte accessibilité et une excellente centralité qui décroissent plus ou moins régulièrement vers les marges de l'Europe : la Grande-Bretagne, avec Glasgow et Édimbourg, le Danemark, avec Aarhus et Copenhague, l'Italie, avec Bari. L'Espagne du Sud et le Portugal se différencient par une position encore plus périphérique où les villes sont, en moyenne, à plus de 24 heures des autres villes du réseau. Cette image en auréoles concentriques se modifie avec l'introduction des

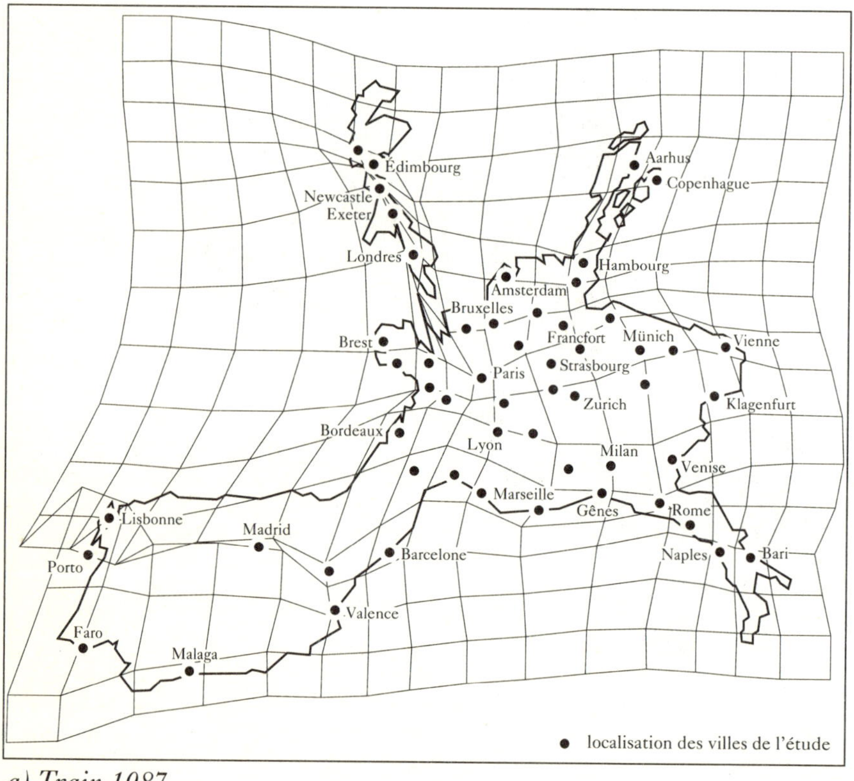

a) Train 1987

(Données : matrice symétrisée des temps de trajet)

Fig. 3 — Espace fonctionnel

TGV. D'abord, le décalage des classes est net : la classe de meilleure accessibilité globale moyenne (9 à 12 heures) de la carte ferroviaire correspond à la troisième classe de la carte TGV (fig. 2b). Même par les villes les moins bien reliées, l'ensemble du réseau européen est maintenant couvert au maximum en 15 heures et non plus 28 heures. Si les périphéries ressortent encore, surtout avec les villes de Porto, Faro et Malaga, le cœur central prend une forme de "Y", partant de Montpellier et Marseille en direction de Lyon pour se différencier selon deux axes, l'un orienté vers Paris-Lille-Bruxelles se prolongeant vers Londres, le deuxième se dirigeant vers l'Europe rhénane et orientale par Strasbourg, Stuttgart et Francfort.

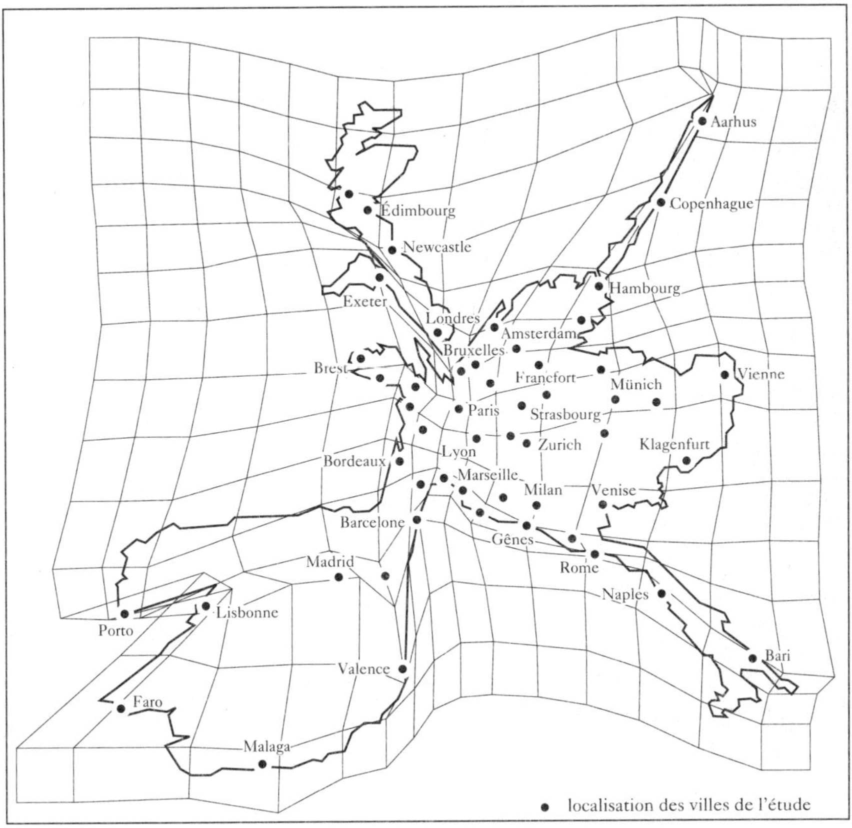

b) TGV 2015

(Données : matrice symétrique des temps de trajet)
Auteur : C. Cauvin ; dessin : A. Maurer (Programme Darcy, conçu par W. Tobler et adapté par A. Serradj et D. Badariotti).

Fig. 3 (suite) — Espace fonctionnel

Ces premiers résultats globaux sont confirmés et affinés par la représentation des espaces fonctionnels.

Un espace européen réduit mais fortement différencié

En prenant en compte toutes les paires de liaisons à l'aide des analyses multidimensionnelles des proximités [7] et en ajustant les résultats à la carte de référence [8], on obtient les espaces fonctionnels associés à chacune des matrices sous forme d'une anamorphose, c'est-à-dire d'une image où cette surface de référence est déformée selon les types de liaisons.

L'espace fonctionnel ferroviaire (fig. 3a) montre deux traits principaux : un étirement net de la péninsule ibérique en direction de l'ouest correspondant au passage de la frontière espagnole, et une dilatation du secteur Suisse-Autriche exprimant les contraintes liées à la chaîne alpine. Le cœur européen est bien celui dégagé précédemment, la Grande-Bretagne étant coupée de l'Europe continentale.

L'introduction des TGV, avec les spécificités de chacun des pays, modifie l'image précédente : un cœur plus concentré où Londres, Paris, Lille, Bruxelles, Lyon, Marseille, Montpellier... semblent bien plus proches de l'ensemble du réseau. Mais les périphéries sont beaucoup plus étirées. Aarhus, que le TGV ne relie pas dans le schéma retenu, se sépare de Copenhague, Bari s'éloigne de Naples pour une raison identique, et Exeter remonte en direction de Glasgow, la Cornouaille n'étant pas intégrée, actuellement, dans le schéma des lignes à grande vitesse de la Grande-Bretagne. Pour la péninsule ibérique, Madrid et Barcelone jouissent d'une position privilégiée qui les incorpore presque au réseau européen. Lisbonne tente de se relier à ces villes alors que Porto, Malaga, Faro et Valence se retrouvent loin derrière, pointant à l'extrémité sud ou ouest de l'espace européen.

Ces espaces traduisent bien les tendances globales des changements dus à l'introduction des TGV, mais on peut se demander si la hiérarchie des villes associée à ces accessibilités demeure stable ou si des différences apparaissent. En fait, la question est la suivante : toutes les villes "progressent-elles" au même rythme, ou certaines prennent-elles du retard alors que d'autres avancent rapidement ? C'est à ces questions que nous allons essayer de répondre maintenant.

Une nouvelle hiérarchie urbaine

Tous les résultats suggèrent que l'accessibilité comporte une hiérarchie, qui ne correspond pas nécessairement à l'attraction de ces villes. Aussi est-il intéressant de voir si la hiérarchie est identique pour les villes du réseau ferroviaire et pour celles des lignes de TGV. Après avoir exposé la méthode retenue pour mettre en évidence l'existence éventuelle d'une hiérarchie et de ses modifications, nous présenterons essentiellement les types de situations initiales et de changements associés en expliquant les lectures possibles des groupes reconnus.

Une méthode de mise en évidence des hiérarchies et des changements

Plusieurs méthodes ont été testées et appliquées pour dégager les éventuelles hiérarchies urbaines, issues des trames ferroviaires et de TGV, et souligner les changements possibles : étude des profils d'accessibilité par l'analyse des correspondances, indice de convergence de Janelle, classifications hiérarchiques ascendantes sur les facteurs des analyses ou sur des paramètres statistiques. Tous les résultats convergent pour suggérer l'existence d'une hiérarchie urbaine en liaison avec les réseaux en place et indiquer des transformations plus ou moins importantes avec les TGV. Une méthode simple a permis de mettre hiérarchies et modifications en relation, conduisant à des groupes de villes à comportement similaire face aux transformations annoncées. Il s'agit de la méthode des quadrants, intégrant la situation actuelle et un indice de gain. La situation actuelle est caractérisée par la moyenne des temps d'accès ferroviaire à partir de chaque ville du réseau, donc la moyenne de l'accessibilité globale, soit :

Accessibilité moyenne globale de la ville i = $[(\Sigma Tij) / (n-1)]$

avec Tij = temps de la ville i à la ville j

n = nombre de villes du réseau.

Plus cette quantité est élevée, plus la ville est mal située dans le réseau. Rien qu'en ordonnant ces valeurs, on obtient une classification hiérarchique des villes pour l'époque actuelle.

Le gain est obtenu en établissant le rapport des indices de dispersion pour les deux périodes. L'indice de dispersion [9] est calculé en faisant le rapport de la somme en lignes de la matrice pour chacune des villes (accessibilité globale d'une ville) avec la double somme de la matrice, soit :

Indice de dispersion = $[\Sigma Tij / \Sigma\Sigma Tij]$

avec Tij = temps de trajet pour aller de la ville i à la ville j.

Au numérateur, on place l'indice lié aux temps du TGV, et au dénominateur celui associé aux temps du réseau ferroviaire, soit :

Gain = $\{[\Sigma Tij\ (TGV) / \Sigma\Sigma Tij\ (TGV)] / [\Sigma Tij\ (train) / \Sigma\Sigma Tij\ (train)]\}$

avec Tij (TGV) = temps de trajet par le TGV pour aller de la ville i à la ville j.

avec Tij (train) = temps de trajet par le train pour aller de la ville i à la ville j.

Le numérateur traduit le poids d'une ville dans le total de l'accessibilité TGV. Cet indice est faible si la ville a une position centrale dans le réseau. La signification est la même pour le dénominateur mais concerne le réseau ferroviaire. Si la position de la ville ne change pas entre les deux périodes, le rapport de ces deux indices est égal à 1 ; s'il est inférieur à 1, cela signifie que la ville a une position améliorée dans le réseau à des degrés divers grâce au TGV. Dans le cas contraire, elle voit sa position défavorisée.

Le graphique portant, en abscisse, l'état actuel du réseau grâce à l'accessibilité globale moyenne des villes et, en ordonnée, l'importance du changement dans la hiérarchie urbaine — ou gain — permet de mieux saisir la relation entre état du réseau et modifications introduites par les TGV (fig. 4a). Deux manières de le lire sont possibles : soit en analysant les quadrants de moyennes, soit en regardant les ensembles cohérents qui s'en dégagent.

Deux lectures des relations "situation 1987/changements"

En général, un graphique de dispersion s'analyse, au moins dans un premier temps, en traçant les axes des moyennes et en interprétant chacun des quadrants. Cependant, une lecture par regroupements empiriques peut parfois donner de bons résultats qui dirigent l'interprétation. Dans le cas présent, les deux lectures se complètent.

Une lecture des *groupements empiriques* ne dégage pas facilement des ensembles significatifs quant à l'effet de l'introduction du réseau TGV en Europe. On ne peut pas considérer qu'ils offrent à l'appréciation une occupation ordonnée du partage en fonction des indices retenus, si l'on veut s'appuyer sur le même thème. Des regroupements s'imposent qui se rangent logiquement dans la structure "gain-accessibilité". L'Europe de l'Ouest et son Midi émergent de la moyenne de l'accessibilité relative. On constate :

– Le double score (bonne accessibilité, gain marqué) de l'ensemble méditerranéen-piémontais et du cœur de l'axe rhodanien (Lyon-Dijon) ; le regroupement de ces villes confirme que la proximité géographique n'est pas seule en cause, toutes les villes allemandes et suisses étant absentes de cette constellation, à l'exception de Stuttgart à qui l'on peut concéder les mêmes qualités que celles de ce peloton de tête.

– Un score mitigé (qui provient d'un gain relatif déficient mais qui s'appuie sur une bonne accessibilité initiale, relative aussi) rassemblant nombre de grandes villes, dont Paris, essentiellement en position continentale. Les ports, non seulement sont peu présents, mais mal placés, à l'exception de Nantes.

Cet ensemble correspond à un classement très grossier dont les mots-clefs sont "méditerranéen" et "continental" : ils ne peuvent servir tels quels à qualifier les informations suivantes.

– Valence mise à part, la péninsule ibérique étale l'insuffisance de l'accessibilité relative dans le quadrant III, mais le gain est globalement très important.

– Enfin, entre le groupe ibérique et la grappe "centre-européenne", l'ensemble portuaire, en général à la périphérie du réseau, à la traîne de la ligne de gain, rattrape les moyennes, mais les franchit mal (mise à part Londres).

Ainsi une lecture plus rigoureuse est-elle nécessaire pour qualifier plus exactement l'information apportée par les quadrants.

Une lecture appuyée sur *les moyennes* permet, en effet, de distinguer quatre groupes numérotés de I à IV en partant de l'angle nord-est (fig. 4b). Le quadrant I réunit des villes avec une mauvaise accessibilité initiale et un gain supérieur à 1 [10]. Il s'agit de villes mal reliées en 1987, auxquelles le TGV apporte encore moins qu'à d'autres. Leur situation empire, elles se "déclassent" davantage, mais relativement, dans la hiérarchie. Aarhus et Bari en sont des exemples. Le quart nord-ouest (quadrant II) regroupe des villes qui avaient une bonne accessibilité en 1987, mais qui ne bénéficient pas de manière nette de l'introduction des TGV, soit parce qu'elles étaient déjà bien reliées (Bruxelles, Genève...), soit parce que des obstacles physiques ou des décisions politiques n'autorisent pas une amélioration supérieure à la moyenne (Hambourg, Cologne, Zurich). Le troisième groupe (quadrant III), avec une mauvaise (parfois même très mauvaise) accessibilité initiale, réunit des villes dont le gain peut être très important et même disproportionné par rapport aux autres villes du réseau. Soit en raison de leur très mauvaise position initiale (Faro, par exemple), soit par leur proximité avec des villes bien reliées (Barcelone), les agglomérations de cette classe voient leur position dans la hiérarchie modifiée positivement, même si elles n'atteignent pas toujours des positions exceptionnelles. Enfin le dernier ensemble (quadrant IV) correspond à des villes bien reliées par le rail et dont le gain est excellent. Villes déjà en tête sur le réseau classique, elles accentuent encore leur avance tels les cas de Lyon, Dijon, Turin...

Afin de mieux comprendre les types de groupements de villes ainsi mis en évidence et répondant aux hypothèses énoncées en introduction, des exemples des différents cas vont être analysés plus en détail.

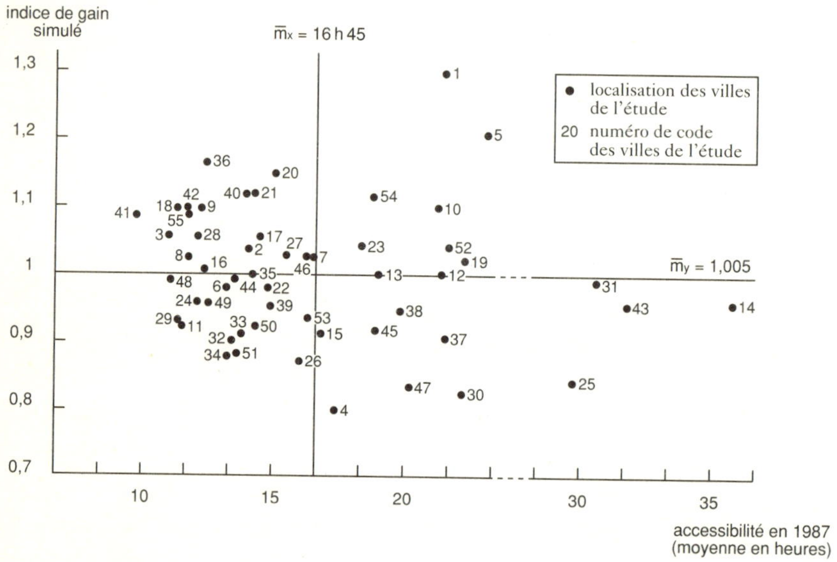

a) Graphique de dispersion

(Données : Train 1987 : annuaires des compagnies ferroviaires ; TGV 2015 : SNCF 1990.)

Fig. 4 — Une simulation TGV : accessibilité 1987 et gain 2015

Cartes, profils et graphiques au service d'une meilleure interprétation

Trois types de documents et informations ont été sélectionnés pour souligner l'originalité des caractéristiques des villes de chaque quadrant du graphique de dispersion, à savoir les cartes en isolignes des temps d'accès à partir d'une ville-origine, par le train et par le TGV, les tableaux du nombre de villes atteintes par tranches horaires, et les courbes cumulées des profils de fréquences associés.

Pour les cartes isoplèthes, nous avons retenu des classes identiques pour toutes les cartes afin de les rendre comparables, quels que soient la ville et le réseau analysés. Nous avons défini sept classes de 2 heures en 2 heures, avec une classe initiale incluant les temps inférieurs à 4 heures et une classe terminale regroupant tous les temps supérieurs à 14 heures. Cette dernière plage pourra être très étendue pour les cartes du réseau ferroviaire, en particulier pour certaines villes périphériques. Pour l'élaboration des tableaux et graphiques annoncés, nous avons transformé chaque tableau de temps de trajet en un tableau de "profils" d'accessibilité, c'est-à-dire que nous avons construit pour chaque mode un nouveau

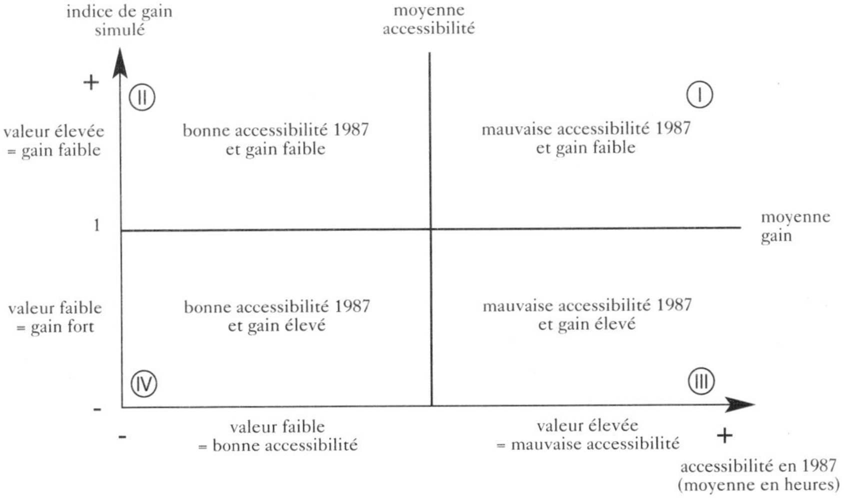

b) Graphique d'interprétation

Auteur : C. Cauvin ; dessin A. Maurer.

Fig. 4 (suite) — Une simulation TGV : accessibilité 1987 et gain 2015 tableau avec en lignes les villes, en colonnes les tranches horaires retenues, et dans les cases, le nombre de villes atteintes à partir d'une ville origine. Des graphiques cumulatifs ont été établis à partir de ces tableaux, exprimant le nombre d'heures nécessaires pour qu'une ville relie l'ensemble des villes du réseau soit par le train, soit par le TGV (fig. 5). Accompagnés des cartes, ces graphiques aideront à la compréhension et au commentaire des villes retenues comme caractéristiques de l'évolution et des changements dus à l'apparition des TGV. Ils vont nous permettre d'aborder des études de cas dans la dernière partie de cette étude.

Modifications des hiérarchies : quelques exemples

Des hiérarchies urbaines apparaissent donc inégalement modifiées entre la période du rail et celle du TGV, encore potentielle. Nous distinguerons à titre d'exemples les villes selon leur situation originelle, c'est-à-dire leur accessibilité dans le cadre du réseau ferroviaire, et selon leur “gain simulé”, c'est-à-dire leur amélioration “éventuelle” dans le réseau créée par l'introduction des lignes TGV. Si le graphique permet de distinguer nettement quatre groupes, nous avons signalé que deux lectures étaient possibles. C'est pourquoi les exemples que nous présentons ne sont pas toujours exposés isolément mais souvent de manière comparative afin de mieux comprendre les différences, les ressemblances et les évolutions potentielles. Partant des villes peu accessibles mais fortement améliorées (quadrant III), nous laisserons de côté le groupe peu nombreux des villes totalement et continûment défavorisées telles Aarhus ou Bari

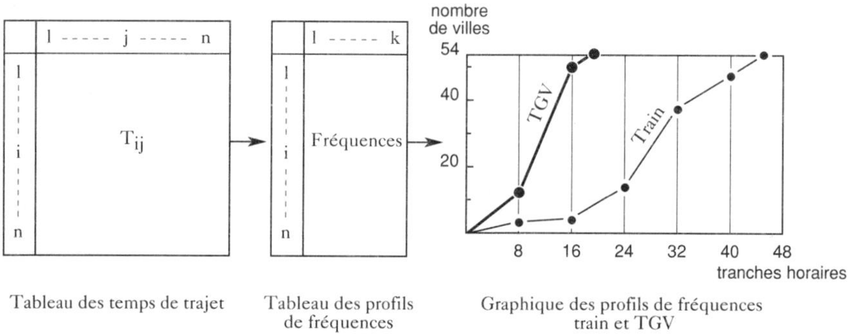

Fig. 5 — Temps de trajet et profils de fréquences

(quadrant I) pour aborder les villes bien situées mais moyennement (quadrant II) ou fortement améliorées (quadrant IV) avant de décrire un cas très particulier : celui de Barcelone.

Des villes moyennement ou peu accessibles et nettement améliorées : l'exemple de Lisbonne

Les villes du quadrant III sont donc marquées par une accessibilité ferroviaire moyenne ou mauvaise et un gain très sensible. Lisbonne en constitue un excellent exemple : la carte d'accessibilité de la capitale lusitanienne (fig. 6) montre qu'après la classe de 14 heures et au-delà, à la sortie de Saragosse, le réseau ferré européen, évalué dans son utilisation, entre dans une zone de non accessibilité relative pour les dix pays qui la composent ; même l'Espagne très proche est touchée partiellement par cet éloignement géographique très général. De quoi avoir, dans ce domaine, le fado encore plus nostalgique que d'habitude, à moins que les effets du TGV puissent faire espérer un changement puisque pour Lisbonne la formule de résultats s'énonce comme suit : mauvaise accessibilité, très bon gain, pénétration territoriale supplémentaire assez étendue.

On peut noter que, par le train, Lisbonne demande 46 heures pour parcourir l'ensemble du réseau, 14 heures pour joindre la cinquième ville, ce qui veut dire qu'il en reste encore 49 pour compléter le réseau. Cela signifie qu'au départ règne une urbanisation alanguie et dispersée ; la concentration dans le temps n'est pas offerte par la construction spatiale, elle ne peut venir que de l'augmentation de la vitesse, donc de la mise en place d'un outil comme le TGV, destiné précisément à cela. Avec lui, il ne faut plus que 14 heures pour parcourir le réseau et atteindre 45 villes au lieu de 5 avec le train, comme nous l'avons indiqué précédemment. L'amélioration est remarquable : il ne reste qu'à combler l'ultime groupe réunissant 9 gares au lieu de 49.

La courbe cumulative montre bien cette combinaison de vitesse ferroviaire et de vide urbain : la partie plate est ibérique, ce n'est que dans les pays étrangers qu'elle atteint en gros la diagonale du graphique. L'effet d'une urbanisation trop desserrée des villes importantes se fait toujours sentir, bien qu'à un degré moindre ; ce n'est qu'après, dans la proximité urbaine européenne, que l'amélioration s'affirme sur les réseaux étrangers.

Territorialement, l'accessibilité reste, pour une capitale, une des plus mauvaises du continent. Pour Lisbonne l'Espagne méditerranéenne est presque aussi lointaine que le reste de l'Europe : la plage de 6 à 8 heures accroche fermement cette coupure du sud-ouest au nord du monde hidalgo. Atteintes plus vite, les villes continentales se divisent en un "proche" et une "périphérie" qui n'existaient pas auparavant ; cela toujours en termes relatifs, bien entendu. Si Lisbonne reste un "lointain" du réseau, le changement lui offre un gain réel. À travers les notes du fado, on perçoit déjà que pour les Lusitaniens la nostalgie n'est plus ce qu'elle était, même si l'accessibilité des métropoles les avantage dans la

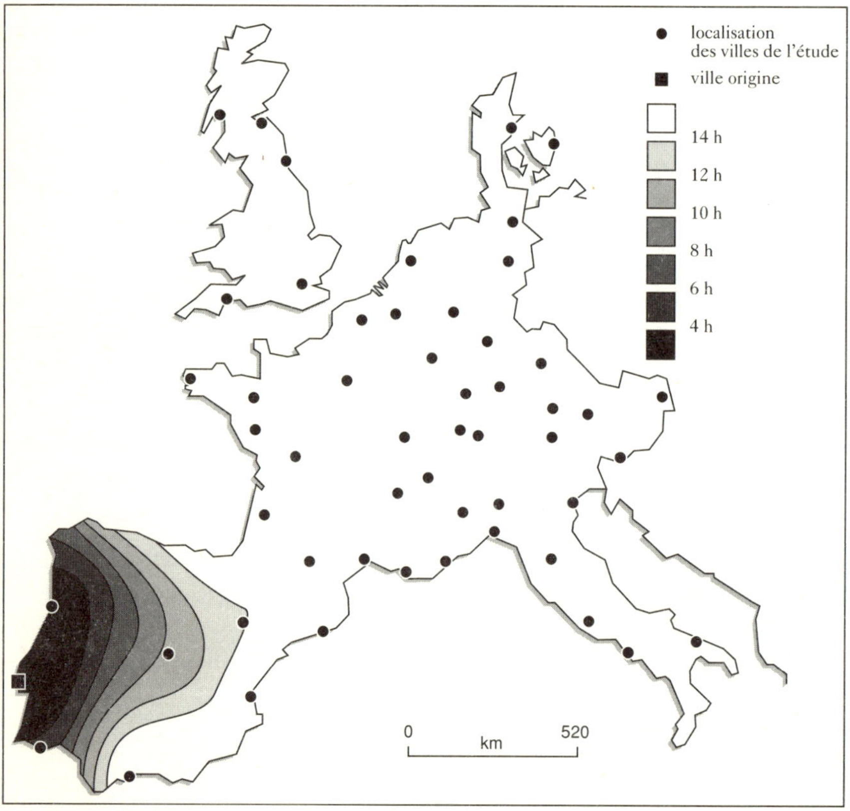

a) Train 1987

D'après annuaires des compagnies ferroviaires.
(Données : matrice symétrisée des temps de trajet)

Fig. 6 — Transformations de l'accessibilité urbaine : l'exemple de Lisbonne nouvelle distribution. L'amélioration qui leur est concédée par rapport à la vieille organisation paléotechnique les ouvre à ces régulations d'exploitations réciproques que certains appellent la concurrence.

Des villes à accessibilité très bonne ou bonne, sans amélioration notoire : exemples comparés de Paris et Francfort

Une situation ferroviaire excellente ou même seulement bonne ne constitue pas nécessairement un avantage dans le réseau des TGV. Comment améliorer ce qui est déjà "le meilleur" ? Paris en

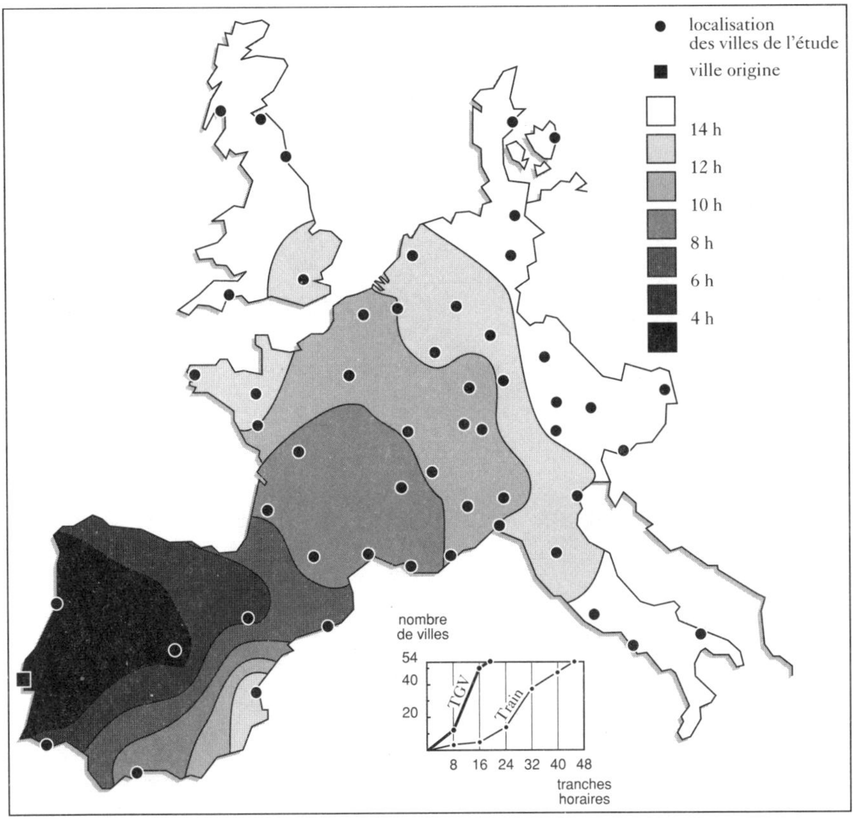

b) TGV 2015

D'après SNCF 1990.
(Données : matrice symétrique des temps de trajet)
Auteurs : C. Cauvin, G. Schaub (CCS, logiciel Uniras ; programmation A. Serradj et D. Badariotti).

Fig. 6 (suite) — Transformations de l'accessibilité urbaine : l'exemple de Lisbonne est un excellent exemple (fig. 7), comme Francfort à un degré moindre (fig. 8).

En effet, la nouvelle donne en transport ferroviaire semble favoriser de la même manière Paris et Francfort qui se rangent avec 13 autres villes dans le même quadrant. Cela dit, toutes ces villes ne participent pas également à la distribution de l'accessibilité et du gain : Paris est en tête pour l'accessibilité et Francfort suit, quelques villes derrière. Francfort, par contre, comme l'indique sa place dans ce quadrant, accède à un gain meilleur, suivie d'Amsterdam, Bruxelles, Gênes, Luxembourg et Bâle, alors que Paris, sur cet indice, fait partie des villes qui gagnent relativement moins à utiliser le réseau TGV. On se trouve en présence de deux gros centres ferro-

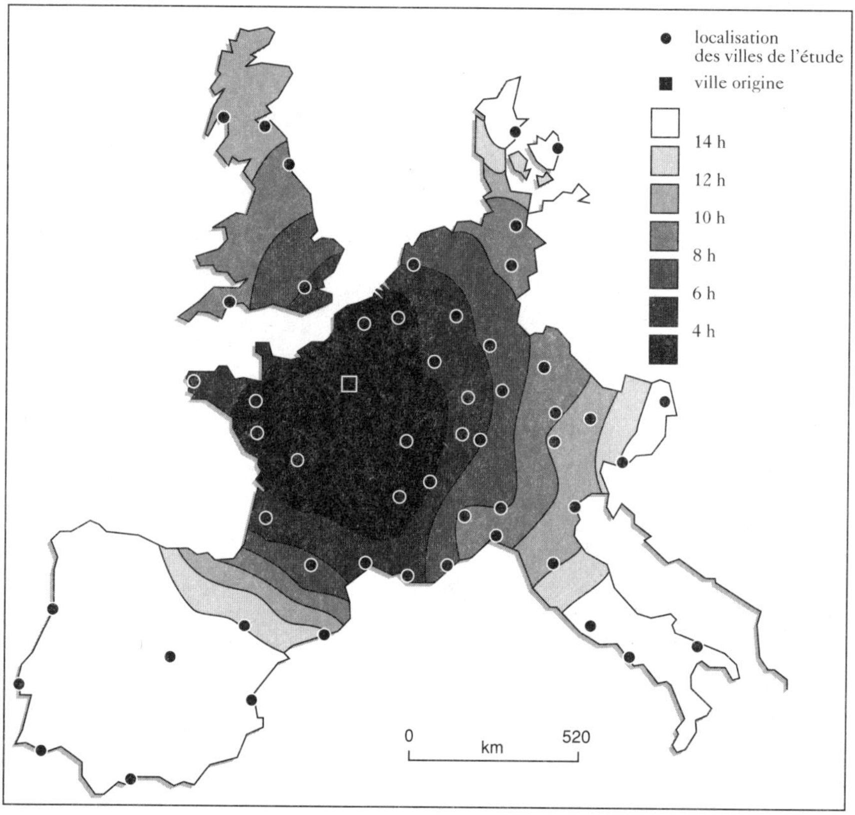

a) Train 1987

D'après annuaires des compagnies ferroviaires.
(Données : matrice symétrisée des temps de trajet)

Fig. 7 — Transformations de l'accessibilité urbaine : l'exemple de Paris viaires de l'ancienne période qui participent moins bien aux bénéfices locaux potentiellement distribués que beaucoup d'autres centres, adhérents du réseau. Peut-on avancer une première explication sur la rentabilité ou la non rentabilité des TGV, dans l'état actuel de notre information, qui, comme le dirait C. Ponsard [11], ne dépasse pas beaucoup celles qu'apportent les "structures pauvres" ?

De toutes les villes sélectionnées, Paris est celle qui dispose, avant la grande vitesse ferroviaire, de la meilleure accessibilité globale à l'échelle de l'Europe occidentale. L'auréole de 8 heures par le train comprend 25 villes, englobant l'ensemble des villes françaises, la majeure partie des villes allemandes, la Suisse et le sud-est de l'Angleterre. La Manche, l'arc alpin et les Pyrénées consti-

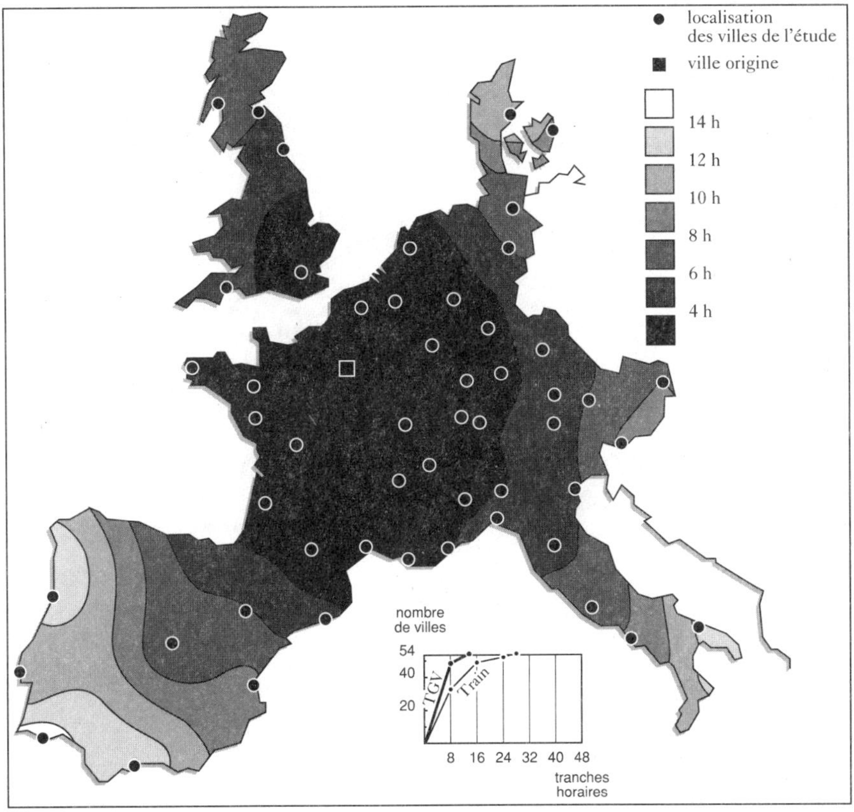

b) TGV 2015

D'après SNCF 1990.
(Données : matrice symétrique des temps de trajet)
Auteurs : C. Cauvin, G. Schaub (CCS, logiciel Uniras ; programmation A. Serradj et D. Badariotti).

Fig. 7 (suite) — Transformations de l'accessibilité urbaine : l'exemple de Paris tuent des limites bien marquées qui mettent la péninsule ibérique, l'Italie centrale et méridionale ainsi que l'Autriche à plus de 10 ou 12 heures de trajet de la capitale française.

Le réseau à grande vitesse tend à rapprocher Paris de toutes les autres villes européennes. Le nombre des villes accessibles en 8 heures de trajet ou moins passe ainsi de 25 à 43 alors que celui des villes les plus éloignées, distantes de 14 heures et plus, se réduit de 13 à 1 (Faro). À l'exception de Lisbonne, toutes les autres capitales sont à moins de 8 heures de Paris par TGV, même les plus éloignées comme Copenhague, Vienne, Madrid et Rome, qui demandent pour s'y rendre plus de 14 heures en train.

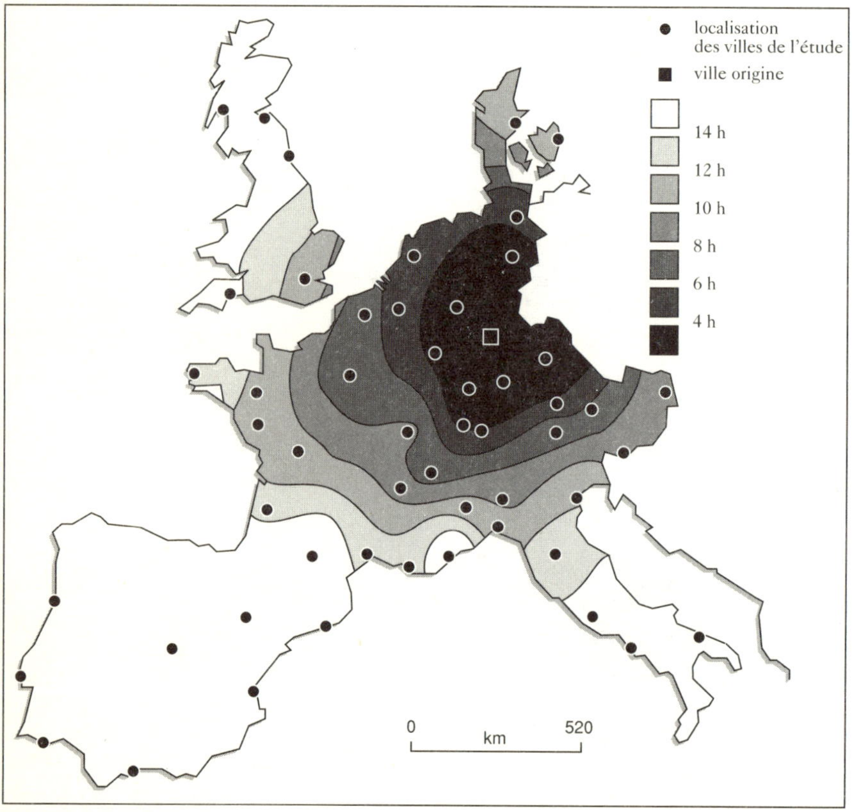

a) Train 1987

D'après annuaires des compagnies ferroviaires.
(Données : matrice symétrisée des temps de trajet)

Fig. 8 — Transformations de l'accessibilité urbaine : l'exemple de Francfort

Toutefois, le dispositif en auréoles concentriques déjà constitué autour de Paris par le réseau ferroviaire classique n'est guère déformé par le réseau à grande vitesse. Les auréoles d'accessibilité s'élargissent, et ceci dans toutes les directions, sans que leur orientation soit fondamentalement modifiée. Aussi les gains procurés par le réseau TGV sont-ils modestes relativement à ceux d'autres villes telles que Lyon, Barcelone, Londres ou Milan, moins bien situées que Paris sur le réseau ancien mais auxquelles la grande vitesse donne la possibilité de s'ouvrir largement à de nouveaux territoires. En d'autres termes, Paris demeure à l'échelle de

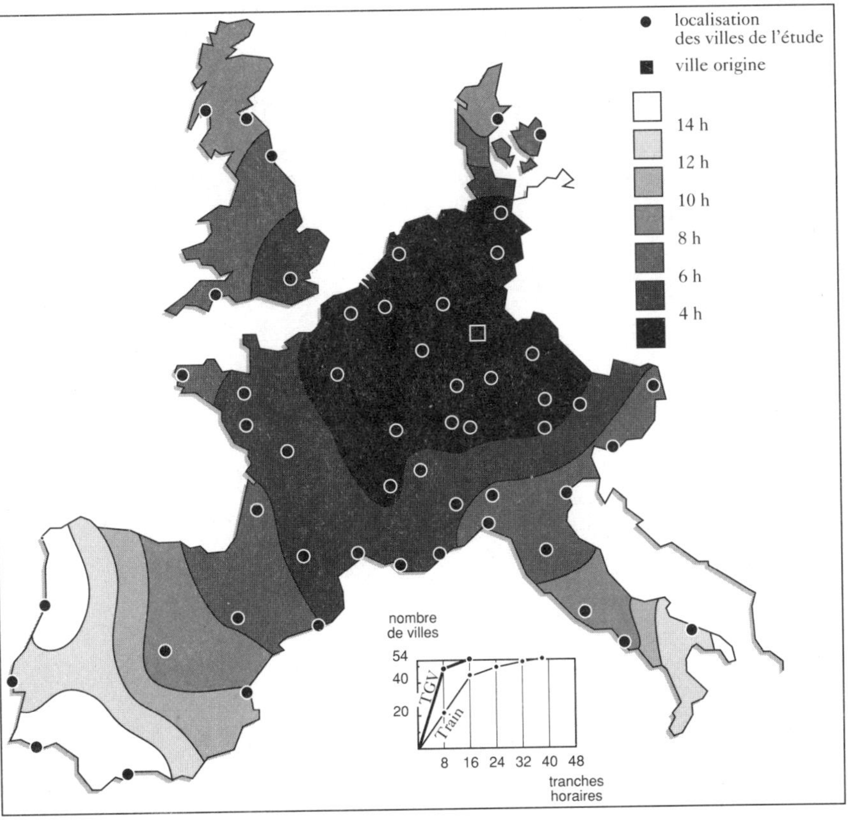

b) TGV 2015

D'après SNCF 1990.
(Données : matrice symétrique des temps de trajet)
Auteurs : C. Cauvin, G. Schaub (CCS, logiciel Uniras ; programmation A. Serradj et D. Badariotti).

Fig. 8 (suite) — Transformations de l'accessibilité urbaine : l'exemple de Francfort l'Europe de l'Ouest la ville la plus accessible, mais l'avance initiale dont elle dispose tend à se réduire en raison des meilleures connexions d'ensemble acquises par ses concurrentes. Cologne, Luxembourg, Genève, Zurich et Bâle sont, à échelle réduite, des images du cas parisien.

Métropole économique et financière de l'Allemagne de l'Ouest, Francfort appartient à cet ensemble urbain dense et continu de la vallée du Rhin. Son degré d'accessibilité par le train est très proche de celui des autres grandes villes rhénanes telles que Zurich, Stuttgart et Cologne. Seules Strasbourg et Bâle se détachent légèrement pour se situer au niveau de Lyon. Les gains associés au réseau TGV conduisent à fractionner cet ensemble urbain. Cologne, Bâle et Zurich, à l'image de Paris, enregistrent des gains moins bons que la moyenne européenne, alors que Francfort, Strasbourg et Stuttgart se situent un peu au-dessus. Les écarts d'évolution ne sont pas très importants mais ils sont l'expression d'une redistribution des centralités de réseau au sein de cet ensemble au départ bien homogène. La comparaison des cartes par train et TGV montre, comme pour Paris, que l'ensemble du dispositif centré sur Francfort s'est élargi sans changer d'orientation. L'isoligne de 4 heures en TGV retrouve, à quelques ajustements près, le tracé de l'isoligne de 8 heures en train, et celle de 8 heures en TGV la courbe de 14 heures en train. Cette dernière, qui englobe toute la péninsule ibérique, l'Italie au sud de Florence et une partie de la Grande-Bretagne, se réduit désormais à des poches de faible étendue autour de Porto, Malaga et Faro. Les trois grandes directions qui apparaissent au départ de Francfort vers Hambourg, Paris et Lyon se retrouvent amplifiées mais non modifiées par le réseau TGV. Via Lyon et Paris, Francfort est en mesure de s'ouvrir sur l'Espagne et la Grande-Bretagne et, à un moindre degré, sur l'Italie du Nord.

Sans qu'il ait été répondu à la question de départ d'une meilleure accessibilité moins rentable, on se trouve de nouveau en présence de deux pistes d'examen possible : si l'on possède déjà une des meilleures accessibilités relatives et une très bonne centralité relative à toutes les échelles, une augmentation de l'accessibilité à plus petite échelle peut conserver cet avantage ou l'accroître. Si une énergie nouvelle — la construction de l'Europe précisément — n'est pas consentie au système, la courbe passera le point d'inflexion qui mène à la saturation. Cela dépend de la position initiale sur la courbe de diffusion avant le point de saturation : ainsi en est-il pour le moindre gain de Paris par rapport au gain plus honorable mais très incomplet de Francfort. Qu'en est-il pour les villes où les deux résultats, au lieu de s'opposer, paraissent se renforcer l'un l'autre ? C'est le cas de Londres et Lyon, doublement positifs, opposés à Vienne, doublement négative.

Des villes très accessibles améliorées par l'introduction des TGV opposées à des villes peu accessibles et peu améliorées (Londres, Lyon et Vienne)

Ainsi, Londres et Lyon peuvent-elles s'opposer clairement à la situation de Vienne. En effet, l'exemple de Vienne illustre le cas des nœuds rattachés au nouveau réseau et qui n'en retirent, dans le cadre des informations retenues, que des avantages restreints ou que des inconvénients.

Vienne n'a rien, un rien pas tout à fait rien (fig. 9) ; presque une croisée de moyennes. Elle est accompagnée dans son désarroi ferroviaire par Copenhague, Bari, Aarhus, autres villes de la périphérie réticulaire, autres bords de réseau mais en position maritime. La vieille capitale de l'empire austro-hongrois serait tout autre chose si elle s'ouvrait encore, comme marche, vers ces pays de l'Europe centrale et balkanique que le réseau presque en place lui retire pour l'instant.

Le rayonnement ferroviaire, dépendant de la même autorité, une fois cassé, est brisé avec elle. Nous ne voulons pas dire par là qu'il ne fonctionne plus, mais sa reconstruction et son utilisation l'orientent de l'autre côté de son développement et de son rôle historique : le contact avec trois civilisations. Les enveloppes expriment bien, dans leur presque parfait demi-cercle, très peu efficace, ce que la ville peut attendre du TGV. Le verdict réticulaire de cette déchirure structurale s'exprime aussi clairement dans les chiffres : une accessibilité initiale plus que moyenne, un gain relatif inférieur à l'ensemble des autres, mais certain. La capitale voit ramener de 46 heures à 24 heures le temps qui la sépare du monde auquel elle doit s'intégrer le mieux possible, pour une certaine période. Bien sûr, dans ce contexte de distorsion totale de l'assise de fond du réseau ferroviaire antérieur à la petite échelle, le gain reste faible. L'exploitation ferroviaire de base n'a pas été diffusée ni surtout organisée ainsi dans ce contexte : faible, mais précieux géographiquement, le coup de pouce du TGV ne permet pas d'atteindre facilement les péninsules ouest et, de ce fait, l'accessibilité locale, retenue de l'accessibilité totale, reste faible. L'avenir de Vienne demeure celui d'un contact joint à une centralité. Cette ville continentale peut-elle mieux sauter la croisée des moyennes que les villes péninsulaires classées avec elle ? Si la paix perdure, elle a tous les atouts géographiques en main, mais il s'agit là de géopolitique et les réponses possibles ignorent les questions réelles. Dans ce nouveau réseau, il n'y a de sûr qu'un double handicap qui l'oppose au double avantage de Lyon et Londres.

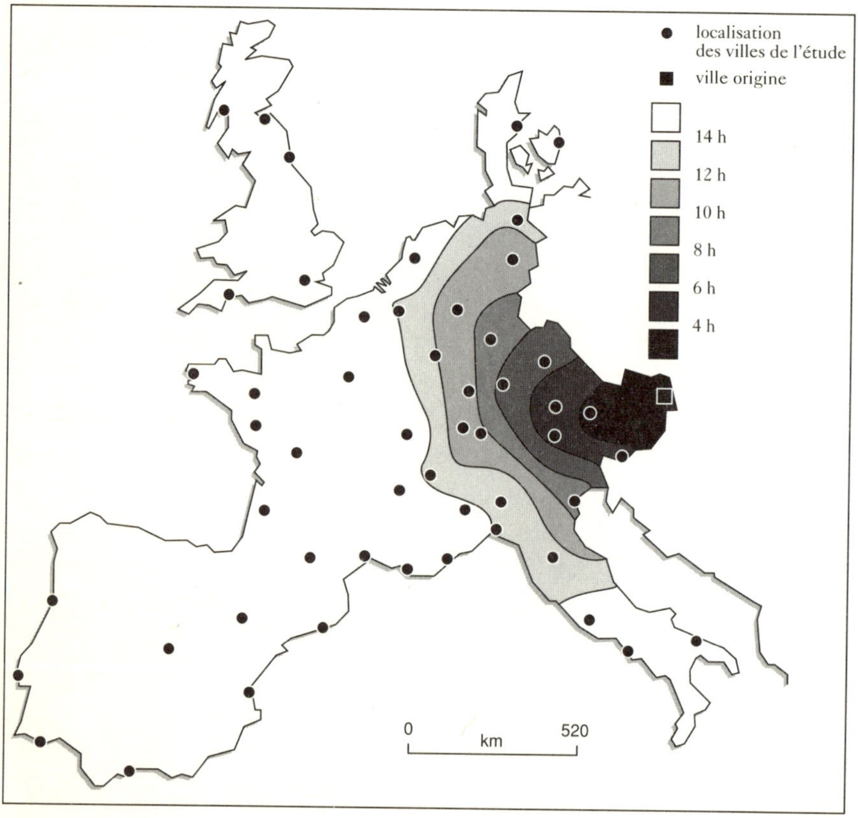

a) Train 1987

D'après annuaires des compagnies ferroviaires.
(Données : matrice symétrisée des temps de trajet)

Fig 9 — Transformations de l'accessibilité urbaine : l'exemple de Vienne

Lyon et Londres sont installées dans le meilleur quadrant. D'autres villes auraient pu être choisies pour ce commentaire : celles, exemplaires, de l'ensemble Aquitaine-Languedoc français, d'autres, continentales, de l'Italie du Nord. On voit bien, à consulter le quadrant, que d'autres groupes et d'autres discussions s'offrent ; nous n'en disconvenons pas, mais ces deux villes ont l'avantage, dans le nouveau système-réseau qui leur est vendu, de présenter chacun un état initial différent. Cet exemple rappelle ceux de Paris et Francfort et nous ouvre sur l'idée de ce que pourraient être, vers 2010-2015, les conséquences des choix actuels en ce qui concerne les potentiels offerts par la nouvelle organisation.

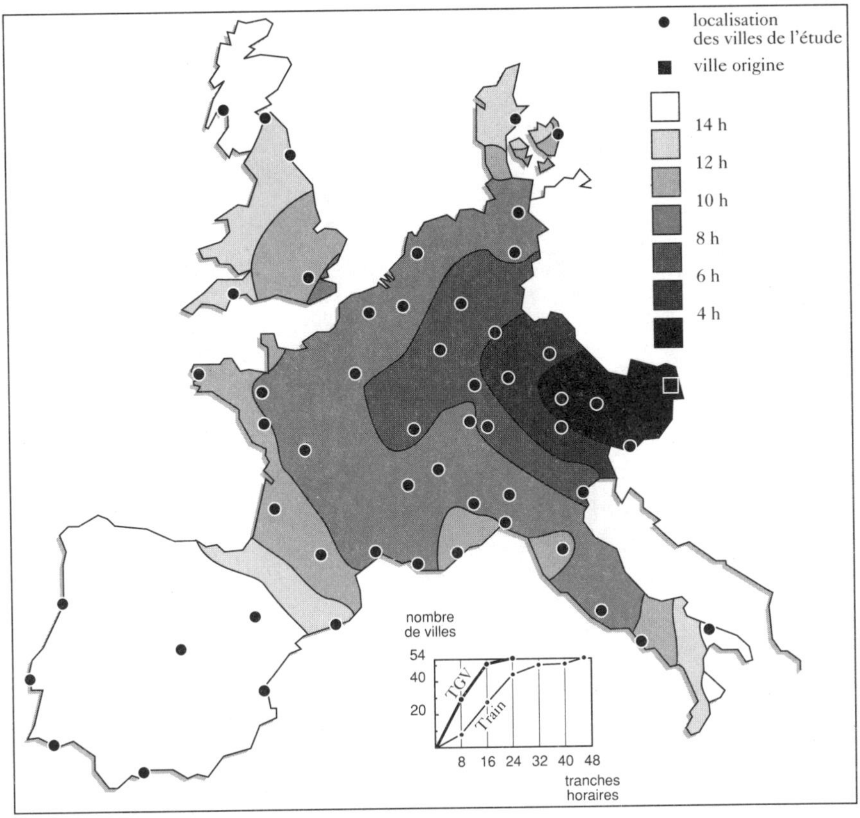

b) TGV 2015

D'après SNCF 1990.
(Données : matrice symétrique des temps de trajet).
Auteurs : C. Cauvin, G. Schaub (CCS, logiciel Uniras ; programmation A. Serradj et D. Badariotti).

Fig 9 (suite) — Transformations de l'accessibilité urbaine : l'exemple de Vienne

Lyon, que son carrefour très anciennement équipé et développé ouvre déjà loin au cœur du continent par rapport à la Londres maritime, illustre ici la situation de ces villes qui, partant d'une bonne accessibilité initiale, obtiennent, grâce au TGV, des gains de temps importants. Ces gains se traduisent par un élargissement de toutes les plages horaires ; mais, contrairement à Paris qui possède également une excellente accessibilité de départ, ce glissement s'accompagne d'un changement d'orientation du tracé des courbes. En d'autres termes, les gains associés au TGV sont l'expression de la "conquête" de nouveaux territoires, avec toutes les contraintes qu'elle comporte : une trame moins solide, des trains moins

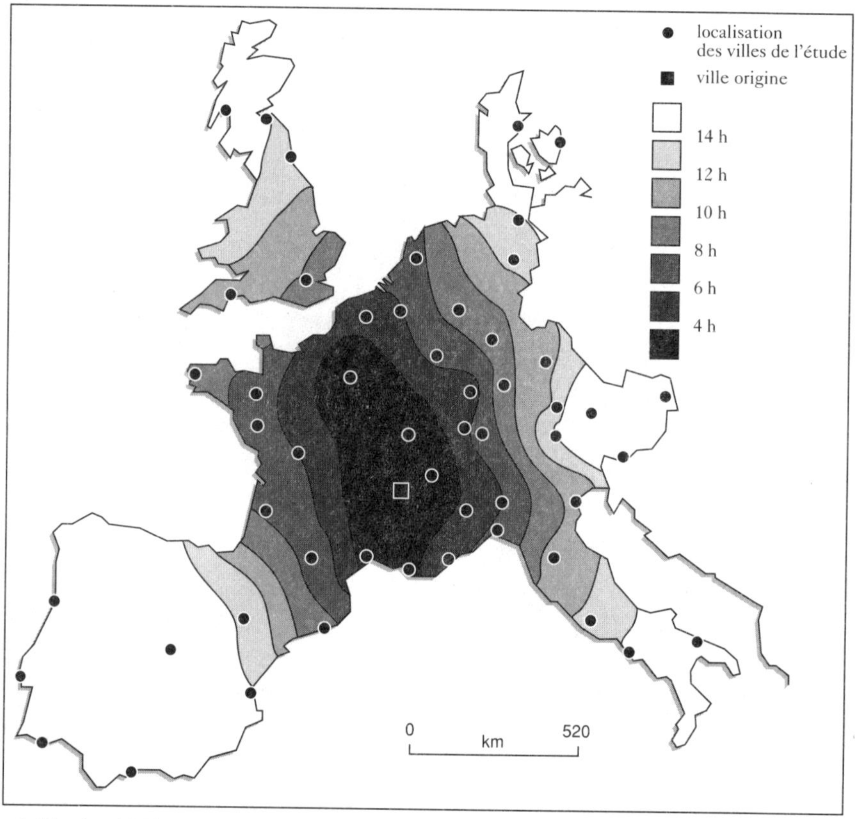

a) Train 1987

D'après annuaires des compagnies ferroviaires.
(Données : matrice symétrisée des temps de trajet)

Fig. 10 — Transformations de l'accessibilité urbaine : l'exemple de Lyon rapides et modulés différemment. Sur la carte de l'accessibilité par train, les plages horaires se disposent de part et d'autre de l'axe ferroviaire joignant Paris à la Méditerranée. Malgré la prise en compte, dans les données de 1987, de la ligne TGV qui la relie à Paris, Lyon n'est pas encore en mesure d'accéder dans des limites de temps acceptables à toutes les périphéries du continent. Quatre villes sont incluses dans la plage de 4 heures et seize autres dans celle de 8 heures. Le tracé de cette dernière ainsi que des suivantes esquisse l'axe Rhin-Rhône-Bâle, Strasbourg, Francfort et l'axe transalpin Lyon-Turin-Milan. Le Portugal, presque toute

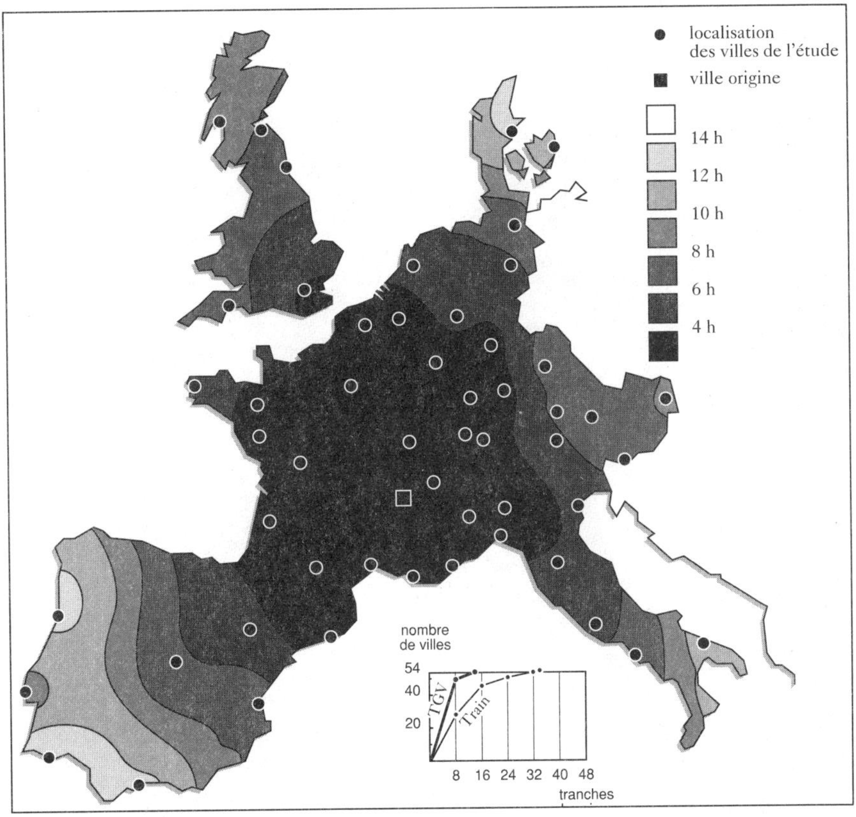

b) TGV 2015

D'après SNCF 1990.
(Données : matrice symétrique des temps de trajet)
Auteurs : C. Cauvin, G. Schaub (CCS, logiciel Uniras ; programmation A. Serradj et D. Badariotti).

Fig. 10 (suite) — Transformations de l'accessibilité urbaine : l'exemple de Lyon l'Espagne, le nord de la Grande-Bretagne, le Danemark, l'Autriche et l'Italie méridionale sont à plus de 14 heures de trajet. Lyon gagne plus, plus vite, plus loin ; la direction purement nationale s'ouvre à d'autres orientations, ce qu'indique bien la forme circulaire étendue de l'enveloppe des premières quatre heures qui remplace l'ancienne forme ovoïde.

Le TGV met ainsi la plupart des villes européennes à la portée de Lyon. Aux trois branches qui caractérisaient le carrefour ferroviaire lyonnais, le réseau TGV en ajoute une nouvelle en direction de l'Espagne et du Portugal. C'est dans cette ouverture sur la péninsule ibérique que les gains de Lyon sont les plus remar-

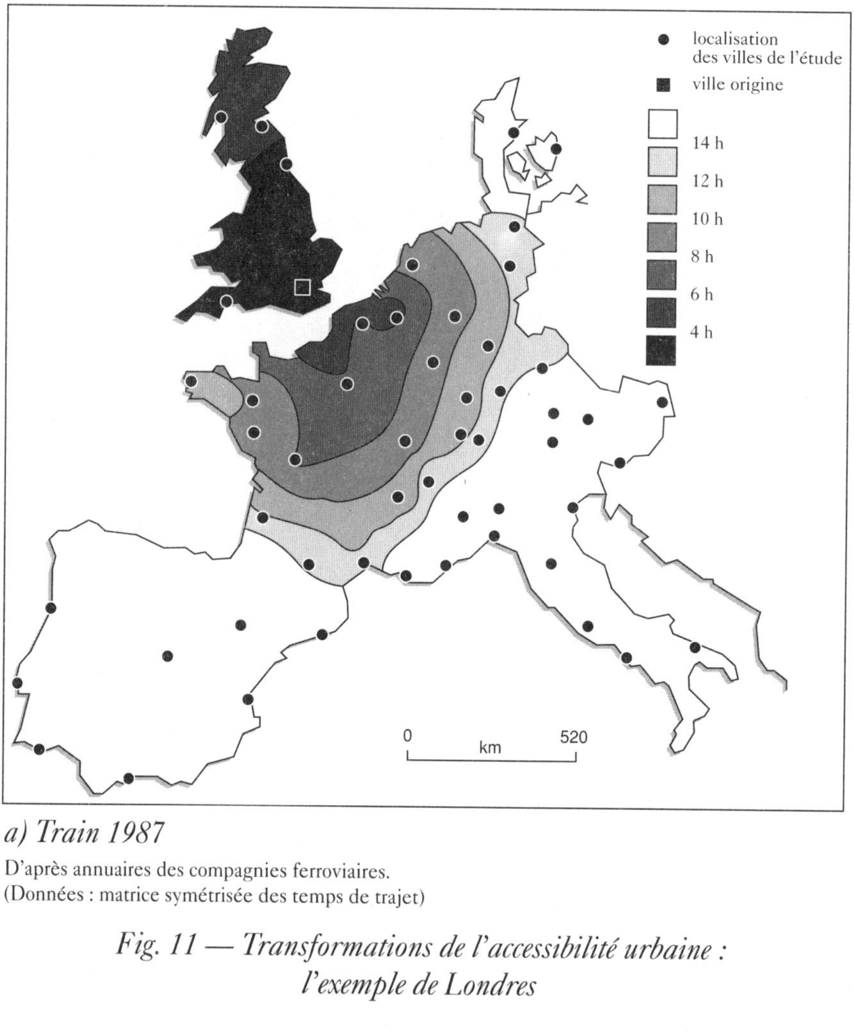

a) Train 1987

D'après annuaires des compagnies ferroviaires.
(Données : matrice symétrisée des temps de trajet)

Fig. 11 — Transformations de l'accessibilité urbaine : l'exemple de Londres quables. Quelques autres villes sont dans une situation comparable. Citons le cas de Dijon qui bénéficie de la proximité des carrefours parisien et lyonnais, Turin qui, sans être un point nodal important sur le réseau européen des TGV, peut accéder à l'ensemble des autres villes via Lyon, ou Milan et, dans une moindre mesure, Montpellier sur l'axe Lyon-Barcelone.

Sans retrouver exactement les mêmes causes de développement, Lyon révèle une accessibilité proche de celle de Paris et un léger manque de gain relatif dû aux mêmes raisons : un équipement de situation bien ancré sur un site de réseau déjà bien

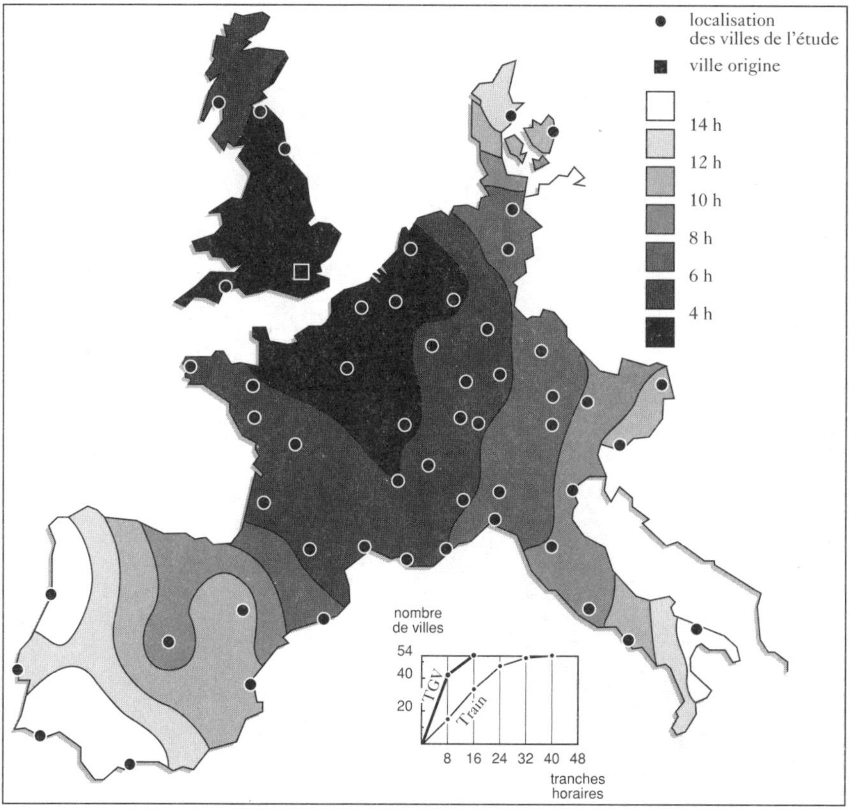

b) TGV 2015

D'après SNCF 1990.
(Données : matrice symétrique des temps de trajet).
Auteurs : C. Cauvin, G. Schaub (CCS, logiciel Uniras ; programmation A. Serradj et D. Badariotti).

Fig. 11 (suite) — Transformations de l'accessibilité urbaine : l'exemple de Londres exploité. Rien à voir avec la trame de Londres, qui des anciennes villes portuaires est une des rares à émerger : l'accessibilité positive est faible, mais le gain rejoint les meilleurs types espagnols. Qu'en est-il donc de Londres ?

Dans la typologie des villes, Londres et Barcelone, que nous présenterons en dernier, apparaissent dans une position voisine. Comme Barcelone, Londres est une ville dont l'accessibilité ferroviaire à l'échelle de l'Europe est faible. La traversée de la Manche introduit pour la capitale britannique dans le tracé des plages horaires une forte discontinuité qui se traduit par un accroissement global des temps de trajet avec les villes continentales. Par train,

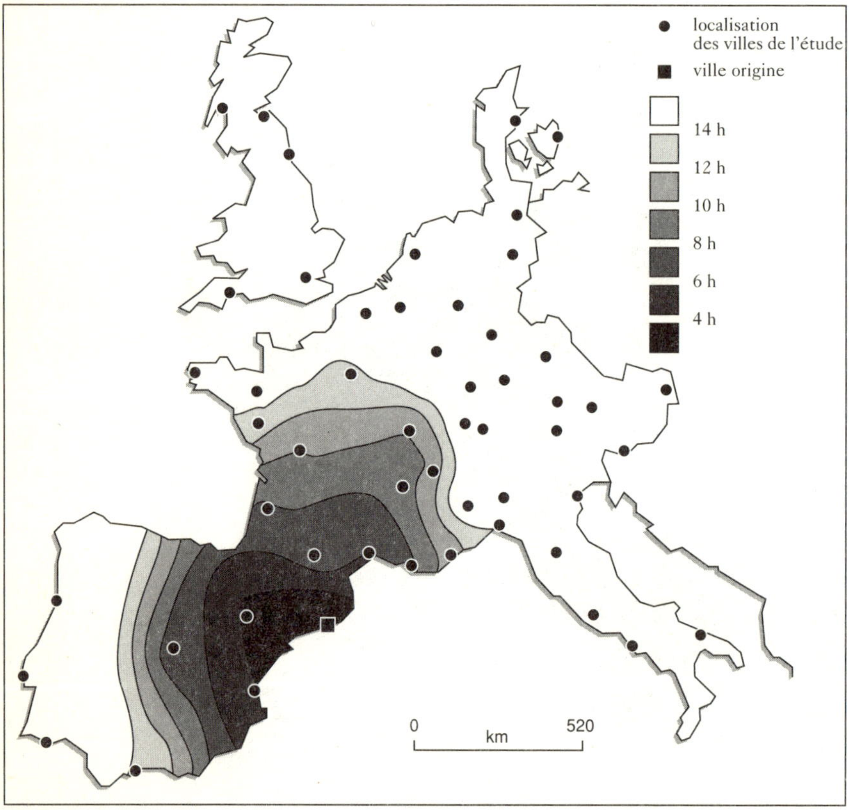

a) Train 1987

D'après annuaires des compagnies ferroviaires.
(Données : matrice symétrisée des temps de trajet)

Fig. 12 — Transformations de l'accessibilité urbaine : l'exemple de Barcelone

Londres est bien reliée à Lille, Bruxelles et Paris, mais les temps s'accroissent rapidement depuis ces villes qui jouent un rôle de tête de pont sur le continent. Le réseau à grande vitesse apporte de profondes modifications dans l'accessibilité de cette capitale en effaçant l'obstacle maritime, grâce au tunnel sous la Manche, "point minimal d'articulation" en termes de théorie des graphes et, ici aussi, en termes concrets. Le nombre des villes accessibles en moins de 8 heures passe ainsi de 8 à 37 tandis que celui des villes distantes de 14 heures et plus tombe de 25 à 4. Or ces gains ne sont pas liés à une meilleure accessibilité de Londres en Grande-

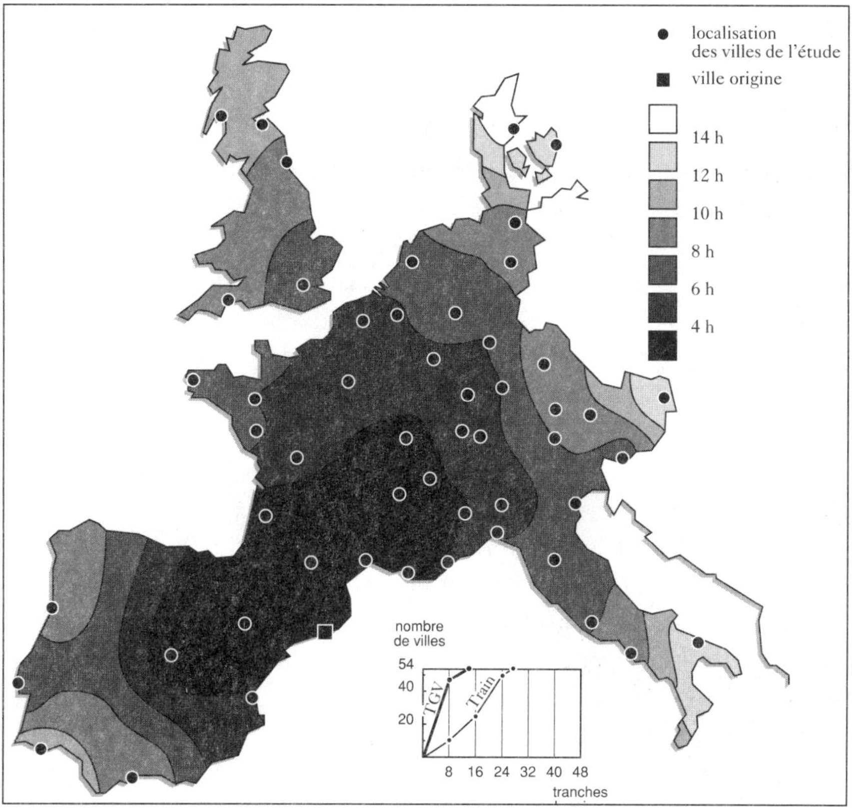

b) TGV 2015

D'après SNCF 1990.
(Données : matrice symétrique des temps de trajet)
Auteurs : C. Cauvin, G. Schaub (CCS, logiciel Uniras ; programmation A. Serradj et D. Badariotti).

Fig. 12 (suite) — Transformations de l'accessibilité urbaine : l'exemple de Barcelone

Bretagne, ils sont pris pour l'essentiel sur l'espace continental, comme le montre la dilatation des plages horaires des trois premières classes. Celle de 4 heures atteint Lyon et Cologne, celle de 6 heures Toulouse, Nice et Stuttgart, celle de 8 heures, enfin, Hambourg, Innsbruck, Florence et Barcelone.

La chose est claire avec le chemin de fer, Londres est présent sur le continent mais reste très britannique et le "*Rule Britannia*", on le sait bien, ne s'est jamais accommodé d'une liaison permanente qui installe une "péninsularité" dissimulée ; avec le TGV, Londres devient continentale, même si Porto ne s'aborde que dans les auréoles les plus lointaines. Il n'y a plus une mer du Nord qui coupe l'utilisation rationnelle d'un réseau mais, à sa place, dans la même enveloppe de 4 heures cernant le tunnel, des villes comme Lyon, Bruxelles et Paris. Barcelone pousse à un degré extrême ces changements.

Un cas extrême : Barcelone, ville moyennement située à gain très élevé

Il semble étonnant, à première vue, que Barcelone appartienne et pour le train et pour le TGV à des classes d'accessibilité voisines de celles des villes de tête de réseau, en particulier de Paris, étonnant aussi de constater qu'avec le TGV, Barcelone obtient un gain supérieur à celui de la capitale française. Sur la carte de l'accessibilité ferroviaire de Barcelone (fig. 12), on voit qu'au-delà de 14 heures, 35 villes sont encore à atteindre par le train pour que le réseau entier soit desservi. Par contre, pour le même seuil, Paris, comme nous l'avons signalé, montre qu'il ne reste que 8 villes pour que l'ensemble des 55 villes soient reliées. Cette position excentrée s'affirme aussi nettement quand on compare Barcelone à Lyon. La plage des 8 heures n'englobe que 8 villes, contre 21 pour Lyon, alors que 37 villes se situent dans la dernière classe d'accessibilité, contre 15 pour Lyon. Il ne faut donc pas se laisser entraîner par les informations des seules classes, mais raisonner en liaison avec la carte qu'elles résument et pour le réseau ferré et pour le réseau TGV.

Avec le TGV, Barcelone gagne 35 villes dans le laps de temps où Paris, mieux reliée au départ, n'en dessert que 8 de plus au-delà du seuil retenu. Ainsi le temps intermédiaire de 14 heures, soit 30 % du total (50 heures), montre que les deux villes gagnent 70 % en heures pour des territoires différents qui ne sont pas intégrés de la même manière. Cela est bien indiqué par les deux courbes cumulatives de Paris : on comprend l'extension de l'accessibilité de cette ville, dont les courbes cumulatives des trains et des TGV sont presque superposables. La lenteur du moyen précédent imposait, par son réseau, un temps inutile qui a été retiré en gardant le même espace. Barcelone montre, par comparaison, que les trains français étaient déjà extrêmement rapides : on constate pour Paris que 16 heures suffisaient pour atteindre 40 à 50 villes (la courbe du train étant parallèle à celle du TGV jusqu'à 16 heures), alors que 24 heures sont nécessaires pour le même nombre de villes, en ce qui concerne la capitale catalane. Cela explique la parenté des deux courbes ; les trains barcelonais sont lents, avec quelques variations tout au long de la ligne qui traverse les plages 1 à 4 : la nouvelle accessibilité est quasiment la même qu'à Paris, mais le gain est énorme et lui est bien supérieur, permettant une irrigation très rapide des territoires, extrêmement proche de la couverture parisienne. Les cartes montrent une extension décalée des auréoles atteintes par les deux villes : en gros les mêmes, encore qu'il faille préciser la meilleure emprise de Barcelone sur l'Espagne, et enfin une très bonne innervation de l'Angleterre.

Le TGV a bien étendu l'aire de Paris à partir de l'organisation initiale de son réseau, mais a proposé un nouveau territoire très compétitif à Barcelone qui gagne une position de porte "ferroviaire" ibérique sur l'Europe, au sens où un aéroport d'entrée sur un continent est une "porte". Il n'en est pas de même de Lisbonne : un effort continu reste à faire.

Revenons, pour conclure, sur l'hypothèse posée au départ de notre étude. Train et TGV créent, par le jeu des différentiels de vitesse, deux espaces relationnels distincts. Historiquement, le réseau ferroviaire s'est calqué sur des schémas urbains nationaux en grande partie hérités et remarquablement stables dans le temps, car ils correspondaient, jusqu'à l'introduction de la grande vitesse, à un moyen de locomotion relativement peu performant. La mise en place d'un réseau TGV à l'échelle européenne, dont nous n'avons pas à rappeler les causes, conduit, selon la simulation retenue, à améliorer considérablement l'ensemble des liaisons entre les villes. On a vu que les temps de déplacement variaient toujours dans le même sens, un sens favorable à toutes les villes, quelle que soit leur position géographique : plus centrales ou plus périphériques, elles se rapprochent en valeur absolue de l'ensemble du réseau. Toutes gagnent réellement en temps, mais pas de la même manière, et les mieux placées avant ne sont pas forcément les mieux placées après : la nouvelle sélection des sites repositionne les villes, et chaque ville au sein d'un espace européen qui se contracte. L'effet le plus apparent des TGV est de rapprocher les périphéries du cœur de l'Europe, notamment la péninsule ibérique et la Grande-Bretagne, mais aussi de rapprocher "le cœur du cœur", indiquant une zone de surdensification des grandes vitesses, bien entendu, tant que l'on se contente de couvrir la surface de cette Europe-là. Il s'agit donc bien d'un changement d'échelle dans les potentiels de contacts entre les villes et les régions européennes, amenant une nouvelle articulation entre les horizons proches et lointains. Mais il s'agit aussi, nous l'avons vu, de changements relatifs liés à la position initiale des villes. Ceux-ci expriment des changements potentiels qui donnent toute leur importance au dynamisme des milieux, locaux ou régionaux. Ils soulignent leur capacité à renforcer ou à lier de nouveaux contacts d'échanges internationaux dans un contexte concurrentiel éloigné, avantages indéniables pour ceux qui se trouveront du bon côté du processus de tri urbain généralisé enclenché par les TGV.

1 Les cartes et les graphiques ont été conçus par D. Esnault et A. Maurer.

2 C. Cauvin, H. Reymond *et alii*, *Étude sur les aspects européens du schéma TGV*, étude réalisée à la demande de la DATAR, 1989, multigraphiée.

3 Données collectées par C. Carré, puis complétées et vérifiées par N. Barthélémy et M. Deblanc.

4 Le passage de la frontière espagnole a été considéré comme une correspondance.

5 Différents projets ont coexisté. Nous avons retenu ceux qui semblaient les plus probables en juin 1990, aucune modification fondamentale n'étant intervenue depuis lors, à notre connaissance.

6 Les données fournies pour le TGV sont évidemment symétriques puisqu'il s'agit directement du temps de liaison entre deux villes. Aller de A à B ou de B à A est identique en temps TGV. En revanche, pour le train, comme nous avions retenu les temps d'accès les plus courts avec les correspondances, les temps d'accès et, par suite, les temps de trajet n'étaient pas nécessairement symétriques ; c'est pourquoi, après vérification de la validité de l'opération, pour rendre les temps du rail et ceux du TGV comparables, nous avons symétrisé la matrice des temps de trajets ferroviaires.

7 Méthodes développées par les psychologues à l'origine. La méthode de Kruskal a été retenue, avec son programme associé, Kyst, des laboratoires Bell. Cf. C. Cauvin, *Étude des configurations cognitives intraurbaines : aspects méthodologiques*, thèse d'État, Strasbourg, 1984, multigraphiée.

8 La méthode de comparaison retenue est la régression bidimensionnelle conçue par W. Tobler à partir des travaux de d'Arcy Thompson. Le programme correspondant utilisé, Darcy, a été adapté à Strasbourg, par A. Serradj, F. Briandet et D. Badariotti. Cf. C. Cauvin, *Une méthode générale de comparaison cartographique : la régression bidimensionnelle*, collection "Travaux et recherches", fascicule 4, ERA 214, CNRS, Strasbourg, 1984.

9 Les résultats sont identiques en travaillant sur les sommes en lignes ou sur les valeurs de chaque liaison.

10 Attention au sens de la lecture : un gain supérieur à la moyenne, donc supérieur à 1, exprime en fait une détérioration de la situation initiale.

11 C. Ponsard, *Un modèle topologique d'équilibre économique interrégional*, Dunod, 1969.

Chapitre 7
Les grandes vitesses

Alain L'Hostis, Philippe Mathis, Nadine Polombo *

Le transport de personnes en Europe et, plus particulièrement, le transport terrestre à grande vitesse ont donné lieu à l'élaboration d'un modèle prospectif. Afin d'évaluer les projets et comparer les divers scénarios avec des critères relativement objectifs, la méthode prend en compte simultanément plusieurs modes de transport et détermine, dans un ensemble de réseaux et de modes complexes, les chemins de valuations minimales, non seulement en termes de distance kilométrique mais surtout en termes de durée de transport. Le modèle en est actuellement à sa phase d'application, dont nous décrirons les outils : données, premiers tests avec hypothèses TGV, cartographies des temps de transport à partir d'une origine déterminée et, enfin, la chronocarte qui permet de comparer les durées de transport entre modes à partir de toutes les villes.

Le modèle de simulation multimodale

L'analyse structurale des réseaux

L'espace est constitué de réseaux de transports spécifiques, parcourus par des modes différents : voitures, trains, TGV, avions, ferries... L'ensemble produit un espace discontinu qui n'est plus une surface de transport au sens de la théorie spatiale. Pour représenter simultanément ces réseaux et ces modes, nous utilisons les

* Laboratoire du Centre d'études supérieures d'aménagement. Avec la collaboration de Bernard Bourin, Isabelle Piedallu.

graphes qui permettent de raisonner sur l'ensemble des moyens de transport actuels et d'utiliser les algorithmes classiques. Le graphe t-modal est défini par t matrices associées, chacune décrivant le graphe spécifique d'un mode donné dans un réseau. En conséquence, deux modes, s'ils utilisent un même réseau, seront décrits chacun par une matrice associée spécifique.

L'analyse structurale est le complément de la mesure des accessibilités en termes d'intervalles minimum. Elle permet une analyse globale de la structure du réseau en le caractérisant par des propriétés simples (Mathis, 1990). Elle a, outre sa propre valeur, des applications directes dans les procédures de vérification et de validation des grands graphes. Parmi ces propriétés, la forte connexité est obligatoire, car elle autorise la jonction de tout point à partir de n'importe quel autre, mais elle n'existe pas forcément au niveau de chaque mode de transport, par exemple dans le cas des réseaux insulaires. Le degré extérieur, pour un mode en site banal, sera égal au nombre de sommets que l'on peut atteindre directement à partir d'un sommet origine et, pour un mode en site propre, le nombre de destinations que l'on peut atteindre sans rupture de charge (changement de mode ou dans le mode).

L'écart de deux sommets est la longueur du plus court chemin allant de x à y exprimé en nombre d'arcs. Si cette longueur présente une absence de boucle, une inégalité triangulaire et une symétrie, elle est alors une distance au sens topologique du terme. Ces relations ne sont pas vérifiées lorsque la valuation est différente du nombre d'arcs empruntés — valeur éventuellement différente de 1 par arc du chemin —, ce qui est le cas notamment pour les valuations en termes de coût et de temps. L'écart peut être immédiatement utilisé pour minimiser le nombre de ruptures de charges. Mais l'écart n'est qu'un cas particulier pour lequel la valuation de chaque arc est égale à 1.

Le degré de contiguïté, généralisation de l'écart, sera le nombre d'arcs du chemin n entre les sommets x et y s'il existe. Il est directement utile dans les problèmes d'affectation avec saturation. La vulnérabilité d'un réseau de transport est importante pour l'analyse structurelle : elle peut prendre la forme d'un point d'articulation, d'un arc ou d'un ensemble de même nature.

On définit le point d'articulation d'un graphe comme étant le sommet qui, par son retrait, supprime la propriété de connexité du graphe en le transformant en deux sous-graphes. L'arc vulnérable est défini de même. La gare de TGV de Massy et le contournement sud sont des exemples de ces propriétés.

L'analyse structurale des graphes de transport décrit leurs points de faiblesse : le graphe TGV est typiquement arborescent avec de nombreux points d'articulations et arcs vulnérables.

L'algorithme du modèle

"Une bonne représentation de la distance observée devrait donc tenir compte des caractéristiques des réseaux ainsi que des difficultés spécifiques des déplacements en termes de temps ou de coût de transport" (Huriot, 1983). Chaque mode doit être décrit séparément, pour pouvoir les combiner entre eux et changer de référentiel.

Pour chaque mode, on dispose d'une matrice associée de n*n cases, n étant le nombre de sommets ou villes retenues. Il est plus simple d'utiliser un tableau de dimension supérieure à deux, la troisième pour les différents modes et la quatrième les valuations. Mais l'utilisation d'une matrice à trois ou quatre dimensions est trop lourde en termes d'espace-mémoire car ces tableaux sont très creux pour certains modes.

Il est possible de réduire la matrice de quatre à trois dimensions en sélectionnant une même valuation pour tous les modes, ce qui est nécessaire pour l'évaluation multimodale, et à deux dimensions en ne retenant, lorsqu'il existe plusieurs arcs entre deux sommets, que le plus court. L'utilisation de ces deux caractéristiques permet de retrouver les conditions classiques du problème de la détermination du chemin minimal tel qu'il a été résolu par Ford.

L'application : les réseaux de transport en Europe

Le champ d'étude

Les principaux modes de transport retenus sont la voiture particulière en site banal et autoroutier, le chemin de fer (avec le TGV), le ferry-boat... Seules les villes principales sont prises en compte. Le champ d'étude inclut les vingt-cinq pays de l'origine, soit l'Albanie, l'Allemagne, l'Autriche, la Belgique, la Bulgarie, le Danemark, l'Espagne, la Finlande, la France, la Grèce, la Hongrie, l'Irlande, l'Italie, le Luxembourg, la Norvège, les Pays-Bas, la Pologne, le Portugal, la Roumanie, le Royaume-Uni, la Suède, la Suisse, la Tchécoslovaquie, la Turquie, la Yougoslavie, et maintenant les Républiques Baltes, la Russie, la Biélorussie, l'Ukraine, soit trente et une nations.

Le graphe multimodal comporte dans ces tests 96, 122 ou 155 sommets ou villes, et jusqu'à 1500 arcs par multigraphe. À cet ensemble s'ajoute le réseau aérien traité à part pour ne pas brouiller les résultats, mais qui est aussi important. Les graphes de chaque mode sont évalués, arc par arc, en fonction des distances et temps. Le coût sera établi à partir de ces données complétées par d'autres, comme les tarifs SNCF, aériens, les coûts moyens au kilomètre par catégories d'automobiles, les péages et taxes diverses, gares, aéroports..., ainsi que par l'estimation du coût du temps moyen par catégorie socioprofessionnelle ou par lieu de résidence de population car, bien évidemment, les revenus et les structures de dépenses ne sont pas toujours comparables d'un pays à l'autre...

Le temps est fonction du moyen de transport : la différence entre la route et l'autoroute est importante et celle entre le train et le TGV sur les voies nouvelles encore plus. L'algorithme est prévu pour intégrer des données nodales comme le temps d'attente aux ruptures de charge.

Les graphes utilisés pour la réalisation de la chronocarte sont généralement planaires pour ce qui concerne la route, et dans la mesure du possible pour les autres. Le réseau routier constitue la base à partir de laquelle est calculée la chronocarte. Il permet de déterminer un graphe dual au sens de la théorie et donc de prendre en considération le territoire puisqu'on peut associer à chaque sommet du primal une face du dual, donc un espace à chaque ville, avec la souplesse de tracé que permet la dualité.

Une des difficultés est la fiabilité et la validation des données car, lors de la saisie, les erreurs sont statistiquement inévitables et certaines difficilement décelables. Des procédures systématiques ont donc été mises au point dont des cartographies. L'ensemble doit permettre d'aboutir, à terme, à la mesure du degré d'erreur des données utilisées.

Les hypothèses de la prospective

La situation de base retenue correspond à la situation actuelle, le TGV étant déjà réalisé. À partir de cette situation de base, nous avons intégré les projets déjà programmés en France, auxquels nous avons ajouté une estimation des projets en péninsules ibérique et italienne, le lien Transmanche jusqu'à Londres, puis nous avons élaboré des hypothèses sur l'ensemble de l'Europe. Plus précisément, nous avons considéré un TGV "arc méditerranéen" jusqu'à Athènes, un TGV "arc nord-Baltique" de Londres à Saint-Petersbourg par Rotterdam, Hambourg, Gdansk, Riga, une autoroute est Gdansk-Bucarest et, enfin, un TGV centre-Europe : Nantes, Paris, Bâle, Munich, Prague, Varsovie, Moscou et une branche Munich, Vienne, Budapest, Kiev dont les tracés figurent sur la chronocarte. Ces hypothèses ne sont que des tests indicatifs que le modèle permet de modifier. Elles doivent être interprétées avec précautions au cours de cette première étape de l'étude, mais elles permettent cependant d'illustrer des prospectives et d'en mesurer certaines conséquences.

Le premier exemple est fourni par la carte des accessibilités en temps à partir de la ville de Nantes avec le TGV programmé sur l'ouest (fig. 1). On peut y constater que l'ensemble de la Communauté européenne est à moins de 10 heures de Nantes, ce qui correspond, dans la stratégie actuelle de la SNCF, à une nuit de transport au maximum. Les pays de l'Europe centrale sont dans la zone des 10 à 25 heures sauf la Grèce. L'évaluation est évidemment multimodale et le moyen le plus rapide est souvent le TGV ou le train international. La seconde carte (fig. 2) montre les gains de temps que permettrait la réalisation de la seconde hypothèse à partir de l'autre extrémité de l'Europe, c'est-à-dire de Saint-Pétersbourg. Évidemment, les résultats reflètent en partie l'arbitraire de l'hypothèse. Par exemple, les gains le long du trajet du TGV sur Riga et sur Gdansk sont respectivement estimés à 405 et 415 minutes, soit presque 7 heures par rapport au temps actuel estimé à une vitesse moyenne de 60 kilomètres par heure sur route pour l'est, 70 à l'ouest et en fonction du meilleur horaire annoncé des chemins de fer ! On peut constater des gains de temps de 10 à 15 heures en centre-Europe et de 16 à 20 sur l'ouest. Dans cette hypothèse, Saint-Pétersbourg-Séville se fait presque en 50 % du temps de l'hypothèse précédente.

Nous avons ainsi multiplié les points de vue tout autour de l'Europe pour en tirer les premières conclusions, en estimer les limites et les erreurs. Il est difficile de conclure sur ce qui n'est qu'un début. On peut cependant émettre quelques idées provisoires.

Tout d'abord, la seule réalisation d'un réseau TGV centré sur la France renforce la dissymétrie entre l'ouest et l'est de l'Europe. En second lieu, la réalisation de ce réseau avantage actuellement fortement Paris dont les accessibilités dans les 3 et 6 heures sont plus fortes que celles de Vienne, dont la situation est pourtant centrale. Enfin, des lignes TGV schématiquement projetées modifient ces résultats en rendant l'espace plus homogène, et surtout en rapprochant les villes qui sont presque toutes à moins de 24 heures de trajet.

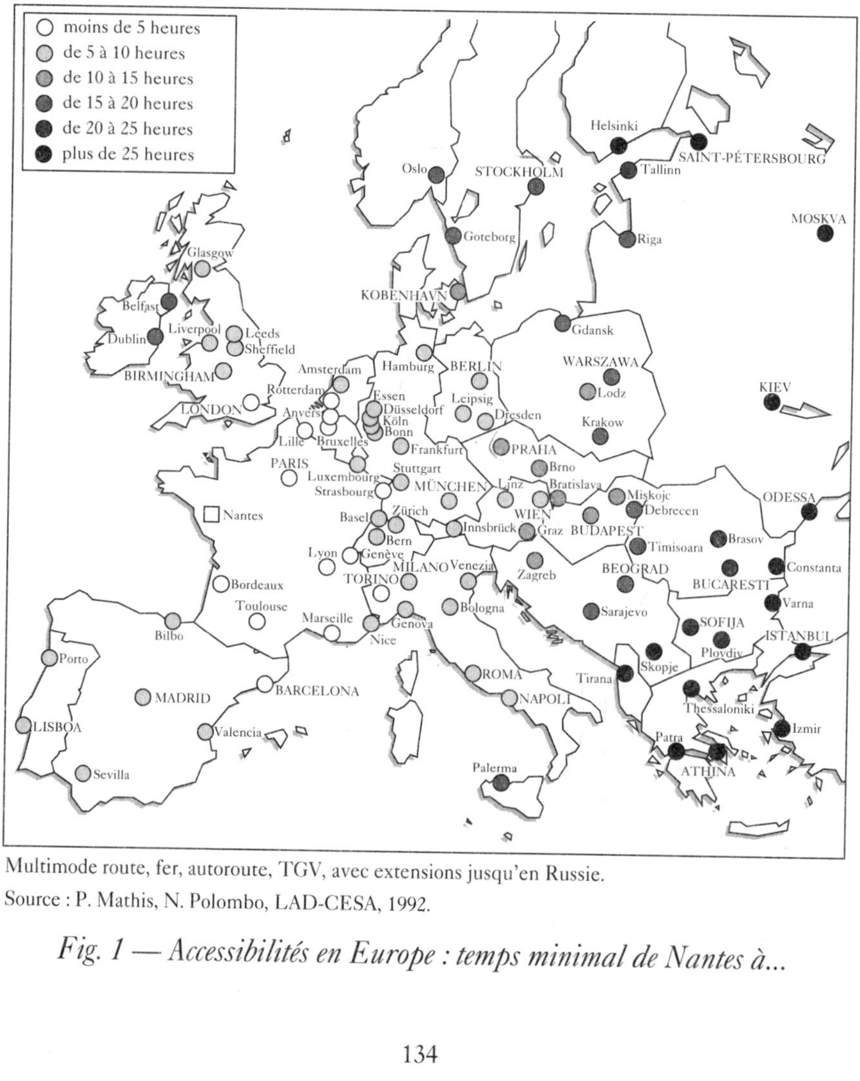

Multimode route, fer, autoroute, TGV, avec extensions jusqu'en Russie.

Source : P. Mathis, N. Polombo, LAD-CESA, 1992.

Fig. 1 — Accessibilités en Europe : temps minimal de Nantes à...

Cette offre de transport ainsi développée va donc influer sur les localisations avec les paradoxes que nous avons vus : rapprochements avec des effets centralisateurs, révision de la demande de transport. Ces modifications sont parfois plus complexes qu'il ne semble et peuvent renforcer des polarisations, modifiant l'organisation des réseaux urbains, comme le montre l'exemple de l'Ouest français.

Les résultats présentés concernent les temps de parcours, en négligeant le facteur coût. Cependant, la minimisation de la durée de transport, dans les hypothèses retenues qui négligent les temps de rupture de charge, correspond aussi à une minimisation du coût (coût ferroviaire inférieur à celui de la route), bien que l'utilisation

Source : P. Mathis, N. Polombo, LAD-CESA, 1992.

Fig. 2 — Accessibilités en Europe : gain de temps à partir de Saint-Pétersbourg

du TGV introduise un surcoût. Le temps perdu est moindre et, dans ce cas, le temps de transport n'est pas nécessairement perdu, notamment dans les trains rapides et les TGV.

La déformation de l'espace : la chronocarte

Le problème représenté par la détermination d'un ou de l'ensemble des chemins les plus courts pour une valuation déterminée est strictement identique. À partir de la matrice des chemins les plus courts pour tous les couples d'origine/destination, la détermination de l'ensemble des gains, pondérés ou non par la population des villes ou zones concernées, est méthodologiquement triviale, même si elle est intéressante pour mesurer l'efficacité des projets de modification ou de création de réseaux.

La représentation des temps de trajet et de la transformation de l'espace liée à la réalisation d'un projet d'aménagement n'est pas totalement résolue par les techniques de cartes anisotropes. En effet, ces cartes ont, en contrepartie de leurs avantages, deux défauts essentiels : d'une part, la configuration géographique est modifiée, parfois au point de ne pas être reconnaissable, d'autant plus que les transports sont rapides ; d'autre part, ces représentations ne permettent pas de superposer deux modes de transport différents.

Nous avons donc élaboré une représentation chronique permettant de visualiser simultanément les temps de déplacement liés à des modes différents, sans déformation différentielle du réseau considéré.

Les principes de réalisation de la chronocarte

Notre propre représentation a été construite pour palier ces deux inconvénients : la chronocarte avait pour contraintes de ne pas déformer la représentation et de représenter simultanément plusieurs modes de transport. La carte géographique représentant l'espace a pendant longtemps permis la représentation, l'anticipation de comportements spatiaux. Napoléon ne considérait-il pas que la carte était un instrument militaire et que celui qui avait les meilleures cartes avait aussi les meilleures chances de gagner ?

Cette relation entre carte spatiale et carte représentative d'un comportement n'est restée valable que tant que les vitesses de déplacement sont demeurées limitées, ce qui n'est plus le cas. En effet, aller de Roissy-Charles-de-Gaulle à Orly, de Paris-Montparnasse à Tours où de Paris-Roissy à Londres-Heathrow demande quasiment le même temps de trajet alors que les distances parcourues sont sans aucun rapport.

Il s'agit donc de créer un mode de représentation basé sur les temps de parcours utilisant des modes de transport différents, et les matérialisant. De même, pour les problèmes d'optimisation de trajets, de localisation, etc., c'est une représentation en termes de durée ou de coût qui est nécessaire : une fois la première réalisée, la seconde s'en déduit en grande partie.

La chronocarte est constituée d'un ou de plusieurs graphes représentant des réseaux de transport différents ou des modes différents dans un même réseau, le réseau de base étant constitué par le graphe viaire que nous avons rendu planaire. Nous disposons donc d'une surface que nous pouvons déformer. Ensuite, outre la "planarité" du réseau viaire, la localisation des sommets du graphe planaire doit être rigoureusement isomorphe de celle d'une carte géographique classique (une spatiocarte) pour pouvoir être lue immédiatement : il ne doit pas y avoir de déformation dans la position relative et la "distance euclidienne des projections droites des sommets". Entre la chronocarte et la carte géographique, il y a seulement un coefficient d'échelle. La seule déformation possible réside alors dans la troisième dimension et cela oblige à créer un "chronoespace" à trois dimensions.

L'échelle de la représentation est donnée par la distance parcourue en une unité de temps par le mode le plus rapide retenu : dans le cas présent, l'unité est constituée par la durée du trajet Paris-Tours en TGV qui déterminera l'échelle des durées les plus courtes entre chaque couple de villes et donc l'échelle totale du réseau planaire.

Le reste est évident : connaissant la durée du trajet le plus rapide entre deux points et donc la vitesse et la durée des trajets dans les autres modes ou la vitesse moyenne de ces modes, il est alors aisé de calculer la longueur représentative de cette durée de trajet, et de la représenter dans la troisième dimension. Comme dans une carte géographique classique sur laquelle on mesure la distance entre deux points en suivant le tracé de la route ou du chemin plus ou moins simplifié, on mesure la durée de trajet par la "longueur" de l'arc du mode de transport choisi, lorsqu'il existe.

L'exemple de l'Europe

Nous avons choisi de représenter la troisième dimension par projection sur écran en utilisant les possibilités offertes par la variation des angles du plan. La figure 4 représente une vue de dessus de l'Europe, sur laquelle nous n'avons retenu que 155 villes pour définir l'ensemble des graphes — route, autoroute, fer, TGV, ferry —, avec un grisé qui résulte de l'effet d'ombre comme on le constate sur les autres cartes. La chronocarte (fig. 3) montre le même espace sous un angle de 45°. Chaque ville occupe le sommet d'une sorte de pyramide définie par la prise en compte du temps dans la troisième dimension. On distingue que les durées de trajet en TGV sont les plus courtes (la ligne droite, le chronoespace est euclidien !) alors que la durée de trajet par la route est

Durées de trajet entre 155 villes. Ces durées sont proportionnelles aux longueurs des segments considérés.

Source : Ph. Mathis, A. L'Hostis, CESA, 1992.

Fig. 3 — L'Europe des temps vue à 45°

quasiment trois fois plus longue : elle est matérialisée par les deux segments reliant deux sommets, c'est-à-dire deux villes.

Une des originalités de cette représentation est de se situer et d'avoir été élaborée dans un chronoespace euclidien à trois dimensions explicites qui permet de mettre en évidence le froissement de l'espace, le rétrécissement des zones rurales consécutif au développement des TGV reliant les villes.

La prise en compte du phénomène d'encombrement, la dilatation urbaine

Si la chronocarte permet de représenter les durées de transport et de mettre en évidence la contraction de l'espace due aux transports rapides, de la même manière elle montre la dilatation temporelle de la ville due aux phénomènes d'encombrement. En effet,

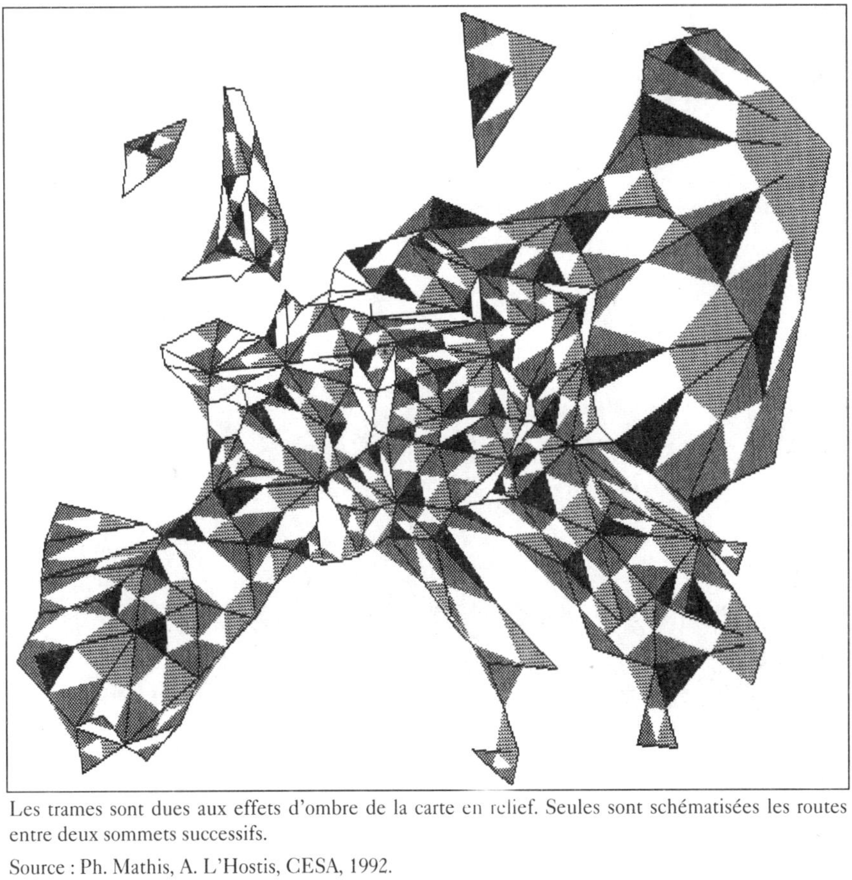

Les trames sont dues aux effets d'ombre de la carte en relief. Seules sont schématisées les routes entre deux sommets successifs.

Source : Ph. Mathis, A. L'Hostis, CESA, 1992.

Fig. 4 — Localisation des 155 villes (vue de dessus)

nous avons noté ci-dessus que le trajet Paris-Tours était devenu équivalent à la traversée de Paris. Il fallait donc représenter le phénomène sur la chronocarte : la durée est figurée par une longueur et, plus précisément, l'allongement des temps de transport, consécutif à la densification et au phénomène d'encombrement, est représenté par une dilatation de la ville qui passe ainsi d'un point à une sphère dont le demi-périmètre sera égal à la durée de traversée. Chaque ville peut être affectée de sa propre durée mais, en l'état actuel des données, nous n'avons pu que figurer le phénomène en fonction de la population, comme le montre la carte de traversée des agglomérations (fig. 5).

Les principales propriétés de la chronocarte

L'analyse des principales propriétés du chronoespace sont en cours d'exploration. La représentation actuelle conserve les durées, mais compte tenu de la multimodalité et surtout de l'existence de la dilatation temporelle des transports urbains, elles ne constituent pas des distances au sens mathématique car la condition d(xi,xi)=0

Source : Ph. Mathis, A. L'Hostis, CESA, 1992.

Fig. 5 — Routes et TGV, durée de traversée des agglomérations (vue à 45°)

n'est plus réalisée, alors que l'inégalité triangulaire l'est par définition ; ce n'est pas le cas dans la projection plane de la chronocarte, laquelle est isomorphe d'une carte géographique. Les surfaces sont conservées dans la projection plane mais elles sont affectées sur la chronocarte (pour celles qui ne sont pas horizontales) d'un coefficient de dilatation fonction du rapport des vitesses entre le système viaire et le mode le plus rapide envisagé. De même, il est possible d'associer à chaque sommet une surface car le système viaire interurbain est planaire et supporte un graphe dual. Vu la simplicité actuelle de la chronocarte, elle n'est précise et valide que lorsque l'arc existe entre deux sommets, mais ceci est aussi vrai pour la carte classique.

Le développement de la chronocarte se fait par la multiplication des sommets intermédiaires, selon un processus qui n'est pas fractal mais seulement "quasi fractal" : il n'y a pas de loi de composition interne de type homothétie interne même statistique car les propriétés en chaque point sont différentes, ce que nous avions démontré par l'analyse structurale du graphe : les degrés intra et intermodaux sont évidemment différents pour chaque sommet.

Le modèle de simulation prospective présenté ici permet d'évaluer certaines conséquences de créations ou de modifications de réseaux de transport de personnes. D'une part il détermine, à partir d'un multigraphe, certaines caractéristiques structurelles et fonctionnelles des réseaux de transport de personnes existants ou projetés, d'autre part il transcrit les résultats sous forme quasi cartographique, permettant ainsi une visualisation et une interprétation directes.

Un objectif était d'anticiper certaines conséquences de la création de moyens de transport rapide sur l'espace européen. Le modèle montre les gains de temps et les propriétés structurelles de ces projets, mais surtout, avec les chronocartes, il met en évidence et en rapport la contraction relative de l'espace rural et la dilatation de l'urbain. L'utilisation des coûts, actuellement plus complexe du fait de la non linéarité des tarifs ferroviaires, risque selon toute vraisemblance d'accentuer ces transformations différentielles de l'espace.

Ces visualisations des espaces de temps ou de coût sont à développer car il est paradoxal de ne pouvoir visualiser que partiellement ce qui fonde le plus généralement les choix en matière de déplacement et de localisation.

BIBLIOGRAPHIE

BERGE, C., *Graphe*, troisième édition, Gauthiers-Villars, 1983.

FAURE, R., *Éléments de la recherche opérationnelle*, Gauthier-Villars,1975.

FLAMENT, C., *Théorie des graphes et structures sociales*, Gauthiers-Villars, 1968.

HURIOT, J.-M., "Espace et méthode en économie", *l'Économie du Centre-Est*, n° 4, 1983.

KAUFMANN, A., PICHAT, E., *Méthodes mathématiques non numériques et leurs algorithmes*, tome 1 : "Algorithmes de recherche des éléments maximaux" ; tome 2 : "Algorithmes de recherche des chemins et problèmes associés", Masson, 1977.

MATHIS, Ph., *Développement du modèle GAST par utilisation des points neutres et des graphes planaires*, ébauches du GAST, université de Tours, 1980.

MATHIS, Ph., "Morphologie urbaine et conséquences économiques, le modèle Gasturba", *l'Économie du Centre-Est*, n° 1, 1981.

MATHIS, Ph., *Accessibilités multimodales des communes de la région Poitou-Charentes*, Direction régionale de l'équipement Poitou-Charentes, ministère de l'Équipement, 1990.

MATHIS, Ph., *Économie urbaine et théorie des systèmes*, thèse de doctorat d'État, Tours, 1978.

MATHIS, Ph., POLOMBO, N., BOURIN, B., LEGRAND, N., *l'Intégration des modes de transport pour une renaissance de la façade atlantique : simulation et prospective*, rapport intermédiaire, DATAR, 1991.

MATHIS, Ph., POLOMBO, N., BOURIN, B., LEGRAND, N., *le Transport multimodal de personnes en Europe*, rapport intermédiaire, DATAR, 1992.

COOK, Th., *European Time Table*, Londres, 1991.

Atlas routier de l'Europe, Michelin, 1990.

SNCF, *Indicateur officiel relations internationales*, Paris, 1990.

REED TRAVEL GROUP, *ABC World Airways Guide*, Dunstable, Beds, 1990.

Chapitre 8
De la distance-temps à la distance-coût

Étienne Auphan, Pascale Dancoisne, Konrad Schliephake, Jean Varlet *

Les propos qui suivent exposent les premiers résultats des recherches du groupe REMEDIER sur "la mutation de l'espace-temps européen sous l'effet de la grande vitesse et de la réunification allemande". Après avoir défini la notion d'accessibilité ferroviaire par la prise en compte de la vitesse commerciale moyenne des services et de leur fréquence, pondérée par le nombre des correspondances, sa mesure a été testée sous la forme d'un indice exprimant la valeur moyenne des accessibilités linéaires entre une ville et toutes les autres figurant dans l'échantillon retenu.

Cette accessibilité qualitative permet de calculer dans les mêmes conditions une accessibilité monétarisée définie comme la moyenne du coût global du déplacement par liaison, lui-même égal à la somme :

– du coût du billet, forfaitairement calculé sur la base de 0,5 franc par kilomètre (intégrant la part du trafic de première classe, mais non les éventuels suppléments) et sur la distance réelle parcourue (ou sur la moyenne des distances réelles lorsque plusieurs itinéraires sont empruntables) ;

– du coût du temps écoulé, calculé sur la base horaire de 70 francs (incluant naturellement la durée des correspondances) ;

– du coût d'attente, égal au produit de la valeur horaire du temps (70 francs) par le demi-intervalle moyen dans une période de vingt heures.

* Groupe REMEDIER : *respectivement* université de Nancy II, GDR 903 CNRS, université de Clermont-Ferrand II, université de Würzburg.

Cet indice monétarisé peut être exprimé sous la forme d'un coût kilométrique à vol d'oiseau (à comparer avec le coût par kilomètre réel) propre à exprimer, dès lors, la marginalité de la situation territoriale, le poids de la position sur le réseau ferré et celui des détours résultant de la topographie.

Compte tenu du degré d'avancement de ce travail, les résultats exposés ne concernent que les 22 villes mentionnées dans le

A	B	C	D	E	F	G	H	I	J	K
Lyon	5,33	12	8,72	557	379	49,2	1,33	104,53	73,11	69,52
Marseille	7,59	9	6,42	783	537	48,5	1,36	103,14	69,67	43,99
Nantes	6,45	8	5,37	641	445	43,9	1,56	99,45	72,24	43,80
Dijon	5,48	9	6,04	524	352	48,8	1,50	95,73	66,16	43,03
Strasbourg	7,55	9	6,01	703	485	43,4	1,51	93,17	67,05	42,87
Nancy	6,56	9	5,42	601	413	47,7	1,58	91,64	63,48	35,62
Mulhouse	7,64	8	5,39	659	444	48,8	1,41	86,24	59,52	33,15
Metz	6,60	6	4,55	610	431	42,2	1,42	92,40	66,33	30,92
Grenoble	6,84	8	4,69	664	421	63,3	1,74	97,09	62,39	29,69
Besançon	6,38	8	4,71	598	385	58,4	1,76	93,60	60,89	28,72
Amiens	5,92	9	4,12	571	411	38,4	2,30	96,47	67,73	28,47
Lille	6,69	7	4,11	655	470	38,6	1,80	97,96	68,39	27,94
Nice	10,37	7	4,87	1004	576	80,2	1,52	96,78	54,88	26,66
Bâle	8,42	7	4,34	702	464	51,9	1,64	83,35	56,15	25,49
Genève	7,28	7	3,99	700	410	78,4	1,71	96,16	56,97	22,43
Luxembourg	7,62	6	3,40	678	465	46,4	1,69	89,01	62,20	21,90
Aix-en-Provence	8,61	7	3,76	817	521	61,5	1,92	94,92	58,76	20,86
Reims	6,33	6	3,27	546	385	42,7	1,85	86,25	60,87	19,94
Saint-Quentin	6,42	6	3,12	581	408	44,0	2,08	90,54	61,74	19,78
Clermont-Ferrand	7,14	6	3,49	575	360	66,3	1,75	80,54	51,17	17,36
Dunkerque	7,71	6	2,59	726	505	45,9	2,43	94,20	64,08	16,63
Bourges	6,20	6	2,78	503	331	49,9	2,05	81,18	56,17	16,50
Moyennes	7,05	8	4,59	655	436	51,7	1,66	92,78	62,73	30,24

A : ville analysée sur les 39 liaisons
B : durée moyenne du parcours (en heures décimalisées)
C : nombre réel de services
D : nombre de services pondéré par les correspondances (fréquence corrigée)
E : distance réelle retenue (moyenne des différents itinéraires)
F : distance à vol d'oiseau
G : détour moyen (rapport E/F, en pourcentage)
H : indice de correspondance (rapport C/D)
I : vitesse moyenne des services calculée sur distance réelle moyenne (E/B)
J : vitesse moyenne des services calculée sur distance à vol d'oiseau (F/B)
K : indice qualitatif d'accessibilité

Fig. 1 — Accessibilité qualitative 1992

tableau (fig. 1). Pour chacune d'entre elles, l'analyse a porté sur l'ensemble de l'échantillon français, mais pour la seule période actuelle (1992). Toutefois, les comparaisons avec la situation antérieure au TGV ont été opérées pour Nantes et Bourges. Il va de soi que le caractère partiel de ces résultats, qui correspondent à la seule phase initiale de ces travaux, doit demeurer présent à l'esprit.

L'accessibilité qualitative

Toutes les durées de parcours actuelles sont inférieures à neuf heures, sauf pour Nice où elle dépasse les dix heures, manifestant ainsi la marginalité de sa position, non seulement à l'égard du territoire, mais également à l'égard de la répartition des foyers d'activité. Les fréquences réelles sont peu dispersées, comprises entre 6 et 9, à l'exception de Lyon qui bénéficie d'une fréquence largement supérieure (12). Dans l'ensemble, les fréquences des villes de l'axe rhodanien et de ses prolongements vers l'Alsace et la Lorraine, ainsi que celles de Nantes sont supérieures aux autres. Il en est de même de la fréquence corrigée : l'indice de correspondance est toujours inférieur à 1,6 dans cet ensemble, toujours supérieur ailleurs.

Si le détour imposé par le réseau ferré est en moyenne de l'ordre de 40 à 50 %, il s'élève aux deux tiers environ pour Aix-en-Provence, Grenoble et Clermont-Ferrand, mais à plus des trois quarts pour Genève et surtout Nice ! À l'inverse, Lille et Amiens bénéficient d'un détour de l'ordre du tiers seulement en raison de leur position par rapport à Paris, nœud du réseau de relations. On remarque que les vitesses commerciales réelles ne sont supérieures à 100 kilomètres par heure (pour l'ensemble des 39 liaisons) que pour celles qui sont en totalité tributaires de la ligne à grande vitesse Paris-Sud-Est (Lyon et Marseille). On notera que la plupart des autres villes bénéficient de vitesses supérieures à 90 km/h, ce qui est très honorable. Seules ne se trouvent pas dans ce cas : Mulhouse, Bâle, Luxembourg, Reims, Bourges et Clermont-Ferrand.

L'importance du détour engendre une conséquence immédiate : la faiblesse des vitesses commerciales à vol d'oiseau. Si la vitesse commerciale réelle moyenne est fonction du nombre et de la durée des correspondances, celle calculée à vol d'oiseau l'est

1	2	3	4	5	6	7	8	9	10	11	12
Strasbourg	0,50	70,00	351,51	35,79	84,12	10,60	528,21	53,62	963,85	1,407	2,017
Marseille	0,50	70,00	391,51	37,45	95,65	10,71	531,42	51,84	1018,58	1,366	2,041
Nantes	0,50	70,00	320,60	35,94	104,23	13,87	451,31	50,18	876,14	1,426	2,051
Lyon	0,50	70,00	278,63	37,61	81,60	11,78	373,19	50,61	733,42	1,371	2,057
Lille	0,50	70,00	327,59	34,35	115,58	14,54	468,16	51,11	911,32	1,513	2,089
Amiens	0,50	70,00	285,67	34,46	86,47	13,45	414,55	52,09	786,69	1,528	2,103
Nancy	0,50	70,00	300,42	34,16	99,77	13,10	458,96	52,74	859,16	1,485	2,193
Dijon	0,50	70,00	262,17	34,85	91,79	13,86	383,39	51,29	737,34	1,475	2,193
Dunkerque	0,50	70,00	363,15	33,84	135,56	14,45	539,71	51,71	1038,42	1,529	2,235
Metz	0,50	70,00	304,81	32,60	150,75	17,85	461,84	49,56	917,39	1,583	2,251
Luxembourg	0,50	70,00	339,08	32,81	143,08	15,76	533,33	51,43	1015,48	1,549	2,264
Mulhouse	0,50	70,00	329,54	32,97	115,73	13,35	534,95	53,68	980,22	1,533	2,275
Besançon	0,50	70,00	298,82	34,71	91,24	12,40	446,94	52,89	837,00	1,466	2,333
Bâle	0,50	70,00	350,75	32,48	118,93	12,62	589,17	54,90	1058,85	1,556	2,361
Reims	0,50	70,00	272,91	31,15	131,68	17,25	443,01	51,60	847,60	1,661	2,365
Aix-en-Provence	0,50	70,00	408,64	35,23	114,55	11,38	602,75	53,39	1125,94	1,457	2,367
Grenoble	0,50	70,00	331,95	35,73	100,11	11,87	478,65	52,40	910,71	1,447	2,386
Saint-Quentin	0,50	70,00	290,64	31,86	134,15	17,13	449,42	51,00	874,21	1,682	2,426
Nice	0,50	70,00	501,94	37,01	116,67	8,59	726,11	54,41	1336,87	1,364	2,476
Bourges	0,50	70,00	251,68	29,98	141,31	18,55	434,06	51,47	827,05	1,697	2,516
Genève	0,50	70,00	350,09	35,16	122,86	13,22	509,71	51,63	982,66	1,451	2,620
Clermont-Ferrand	0,50	70,00	287,54	31,07	124,56	14,56	499,83	54,37	911,92	1,631	2,731
Moyennes	0,50	70,00	327,26	34,14	113,30	13,67	493,57	52,18	933,51	1,501	2,289

1 : ville analysée sur les 39 liaisons
2 : coût/km retenu
3 : coût de l'heure retenu
4 : moyenne des coûts du billet
5 : pourcentage du coût du billet dans le coût total du déplacement
6 : moyenne des coûts d'attente
7 : pourcentage du coût d'attente dans le coût total du déplacement
8 : moyenne des coûts du temps de déplacement
9 : pourcentage du coût du temps dans le coût total du déplacement
10: coût total du déplacement
11: coût/km total du déplacement sur distance réelle moyenne
12: coût/km total du déplacement sur distance à vol d'oiseau

Fig. 2 — Accessibilité monétarisée 1992

également du détour imposé par la topographie ou... seulement sollicitée par l'organisation de la desserte sur le réseau, autrement dit par l'offre commerciale. Davantage que sur la fréquence, c'est sans doute sur ce point que la situation risque de différer notablement d'une période à l'autre, particulièrement dans l'avenir.

Dans l'ensemble, la vitesse commerciale à vol d'oiseau s'établit autour de 60 km/h. Seules Lyon et Nantes dépassent 70 km/h, preuve de l'emprise des lignes à grande vitesse sur une grande partie des liaisons. La ville la plus mal lotie de tout cet ensemble est Clermont-Ferrand (51,2 km/h), ce qui indique l'enclavement topographique et fonctionnel de l'Auvergne. Plus généralement, la vitesse commerciale à vol d'oiseau est un paramètre pour les comparaisons intermodales, tout autant que pour la mesure de l'"effet TGV" réel.

En valeur absolue, l'indice d'accessibilité qualitative montre ici une division de l'échantillon en quatre niveaux :

– Lyon, qui jouit d'une accessibilité supérieure (69,5) ;

– Marseille, Nantes, Dijon, Strasbourg et Nancy (entre 45 et 40), situées sur trois grands axes dont deux à grande vitesse (Sud-Est et Atlantique) et l'autre classique mais rapide, auquel la plupart des prolongements au-delà de Paris relèvent de la grande vitesse (TGV Atlantique) ; en outre, Nancy et Strasbourg sont directement reliées au Sud-Est par des liaisons d'assez bon niveau (entre 25 et 30) ;

– au troisième niveau, les villes situées sur les prolongements de l'axe Paris-Sud-Est (Amiens, Lille, Besançon, Grenoble et Nice) et plus curieusement Bâle, qui est une véritable plaque tournante européenne dont l'effet se fait sentir en France grâce à sa position sur le prolongement de l'axe Metz-Mulhouse ;

– entre 15 et 25 enfin, les agglomérations qui souffrent d'un handicap : marginalité territoriale et de desserte (Genève, Luxembourg, Dunkerque), situation défavorable sur le réseau (Reims, Aix-en-Provence, Saint-Quentin, Bourges) ou enclavement (Clermont-Ferrand).

La comparaison des dessertes de Nantes en 1979 et 1992 permet de préciser les effets du système TGV. En valeur absolue, l'indice d'accessibilité a pratiquement doublé (x 1,99). Mais, alors qu'il est demeuré stable vers le Sud-Ouest, il s'est modérément accru vers le Nord et l'Est (grâce à la fréquence du TGV Atlantique) et a plus que doublé vers la Normandie (amélioration des liaisons vers la basse Normandie via Le Mans et surtout vers la haute Normandie via Paris), vers la Bretagne, mais plus encore vers le Sud-Est (x 2,7). Ce dernier résultat est davantage dû aux grandes fréquences résultant de l'emprunt successif des deux TGV de part et d'autre de la capitale qu'à la mise en place des TGV directs "interconnectés", et moins encore à ce qu'il subsiste de la desserte traditionnelle via Bourges qui résiste cependant fort bien : les temps de parcours demeurent en effet très comparables à ceux du transit parisien en raison de la durée minimale des correspondances. À cause de l'allongement de parcours, seuls les TGV directs "interconnectés" parviennent à accroître sensiblement la vitesse commerciale par rapport à l'itinéraire traditionnel.

La comparaison de la desserte de Bourges entre les mêmes dates confirme cette analyse. Seule, la desserte intérieure au Centre a vu son niveau presque doubler. Mais il ne s'agit pas ici de l'effet du TGV au système duquel Bourges ne participe pas, mais de la traduction des efforts des collectivités territoriales pour augmenter la fréquence des liaisons à courte et moyenne distances. Au contraire, l'augmentation générale des fréquences sur le réseau à grand parcours s'est traduite par une modeste amélioration de l'accessibilité vers l'Est et la Méditerranée, tandis que les dessertes vers le Nord et le Centre-est n'ont pratiquement pas évolué. Mais, surtout, on constate la dégradation en valeur absolue des dessertes vers l'Ouest (Bretagne et Normandie) qui résulte du déséquilibre engendré par l'introduction du système TGV Atlantique accentuant l'offre sur l'axe Paris-Bretagne au détriment des liaisons vers le centre.

L'accessibilité monétarisée

Le coût global de déplacement par voie ferrée est en moyenne, dans cet échantillon (fig. 2) de 933,5 francs, se répartissant entre le coût du temps consommé pour une bonne moitié, celui du billet pour un bon tiers, et le reste (15 %) pour le coût d'attente. D'une façon générale, ces proportions moyennes varient peu sur l'ensemble du territoire. Seul, le coût d'attente — de loin le plus faible — peut passer du simple au double en raison de l'écart de

Nice dont la desserte se caractérise par des fréquences relativement élevées pour l'importance des distances parcourues.

Il n'en est pas de même des valeurs absolues dont la variation est également de l'ordre du simple au double, sauf précisément pour le coût d'attente, beaucoup moins élastique, ce qui montre que les fréquences tendent à se rejoindre sur l'ensemble des liaisons. L'influence du système TGV est ici indéniable. Le coût moyen de déplacement varie sur cet échantillon entre 733 francs pour Lyon (et 737 pour Dijon) à 1337 francs pour Nice, valeur quelque peu excentrée par rapport au reste de la série en raison de sa situation territoriale et topographique.

Ramené à la distance réelle parcourue, ce coût est évidemment beaucoup moins variable : de 1,364 franc pour Nice (1,366 et 1,371 franc pour Marseille et Lyon) à 1,697 et 1,682 franc pour Bourges et Saint-Quentin qui "payent" là quelques-unes des plus faibles fréquences (entre 2 et 6 en dehors de la liaison avec Paris), surtout corrigées (2,78 et 3,12), tant en raison du transit entre gares à Paris, nécessaire pour la plupart des liaisons, que par l'absence quasi totale de services pour les liaisons non tributaires de la capitale, surtout pour Saint-Quentin.

En revanche, le coût kilométrique à vol d'oiseau agit de manière sensiblement différente : c'est Strasbourg (2,017 francs) qui bénéficie nettement du moindre coût en raison de la conjonction d'un détour parmi les plus faibles (43,4 %) — plus faible notamment qu'à Lyon, Dijon et Marseille — et de fréquences élevées (pour la France), tant vers Paris et au-delà que vers le Sud-Est. En queue figure Clermont-Ferrand (2,731 francs) qui doit cette place à un détour moyen élevé (66 %) résultant de l'influence de la topographie sur la configuration du réseau, mais aussi à des fréquences très médiocres. Sur ce point, la situation de Clermont-Ferrand n'est guère éloignée de celles de Nice et Genève dont les détours moyens sont supérieurs (80 et 78 %), mais pour lesquelles ce handicap est compensé par un coût d'attente et un coût du temps consommé nettement inférieurs en raison de l'intervention partielle du système TGV.

D'une façon générale, le coût kilométrique à vol d'oiseau du déplacement est dans l'ensemble inversement proportionnel au niveau de la desserte (fig. 3). Jusqu'à i = 27, ce coût est anormalement élevé. Tel est le cas, d'une manière modérée, à Dunkerque, Saint-Quentin, Reims, Aix-en-Provence, Luxembourg, Bâle et Nice, et de façon beaucoup plus marquée à Bourges, Clermont-Ferrand et Genève. À l'inverse, dans les indices supérieurs à 30,23, le coût kilométrique à vol d'oiseau apparaît particulièrement bas. C'est le cas à Nancy, Strasbourg, Dijon, Nantes, Marseille et Lyon. La situation est plus confuse lorsque l'indice présente des valeurs plus centrales.

L'analyse de la variation relative du coût total moyen et du coût kilométrique met à jour l'interaction de la position de l'agglomération dans le territoire et de la qualité technique de l'offre de desserte : le coût total est naturellement très élevé pour toutes les agglomérations placées en périphérie du territoire (de Dunkerque à Nice et de Nantes à Strasbourg en passant par Lille, Luxembourg, Mulhouse, Bâle, Aix et Marseille), mais le coût kilométrique y est proportionnellement nettement inférieur, surtout lorsque l'agglomération s'avère fortement tributaire du système TGV (Marseille, Nice et, dans une moindre mesure, Aix-en-Provence), ou simplement y ressortit largement en raison du transit parisien (cas de Strasbourg pour toutes les régions desservies par le TGV Atlantique).

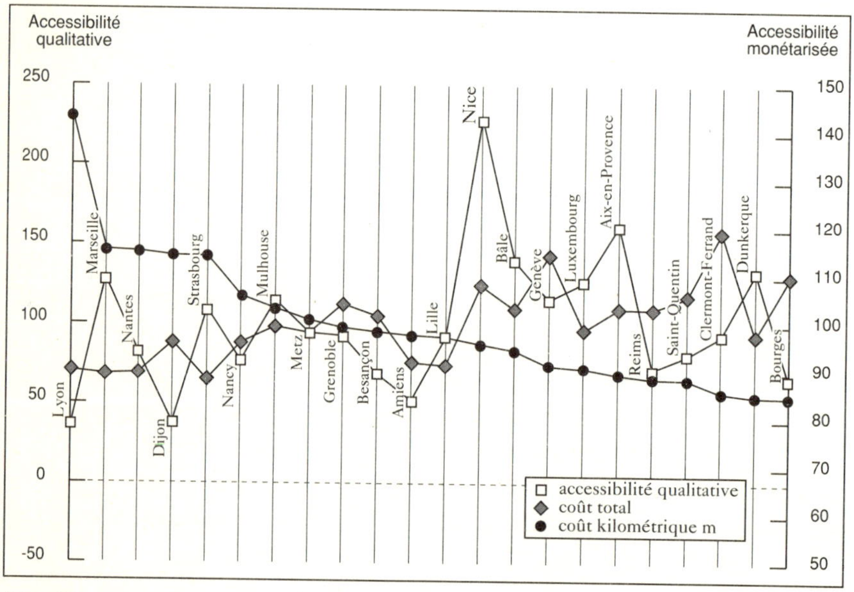

(Base 100 = moyenne de chaque série)
Source : groupe REMEDIER.

Fig. 3 — Accessibilité ferroviaire 1992

À l'inverse, le coût kilométrique de l'ensemble des agglomérations intérieures apparaît proportionnellement supérieur au coût total moyen. Mais cette différence est modeste tant qu'il s'agit de villes relevant directement du système TGV (Lyon, Dijon, Grenoble, Genève, Besançon et Amiens). Il faut voir là l'influence de la grande vitesse qui abaisse le coût total en réduisant les coûts du temps consommé (par la vitesse) et d'attente (par la fréquence), mais qui en revanche accroît sensiblement le coût du billet (supposé encore proportionnel à la distance par hypothèse) par accroissement du détour kilométrique résultant le plus souvent de la "capture" de la liaison par le réseau à grande vitesse (par exemple, Grenoble-Reims, Lyon-Orléans ou Genève-Nantes). Plus ample est l'écart entre le coût total et le coût kilométrique pour les villes ne ressortissant au réseau TGV que par l'intermédiaire du carrefour parisien (Saint-Quentin et Reims). Mais cet écart est très élevé pour les villes placées totalement en dehors du système à grande vitesse, quelle que soit leur importance. Tel est le cas de Clermont-Ferrand et de Bourges, le premier en raison d'une lenteur excessive des liaisons — la plus faible des 22 villes en question —, le second à la suite de fréquences médiocres qui engendrent un coût d'attente parmi les plus élevés avec Metz et Luxembourg.

Analyse régionale

Afin de mieux cerner les variations zonales de l'accessibilité en fonction de la structure du réseau, nous avons regroupé les villes d'un même ensemble régional et tributaires des mêmes axes majeurs de desserte, sous les dénominations suivantes :

Nord :	Amiens, Lille, Dunkerque, Saint-Quentin
Est :	Reims, Luxembourg, Metz, Nancy, Strasbourg, Mulhouse, Bâle
Centre-est :	Dijon, Lyon, Genève, Grenoble
Méditerranée :	Marseille, Aix-en-Provence, Nice, Montpellier, Perpignan
Centre :	Orléans, Clermont-Ferrand, Bourges, Limoges, Rodez
Sud-Ouest :	Tours, La Rochelle, Bordeaux, Pau, Toulouse

Bretagne : Angers, Nantes, Rennes, Brest
Normandie : Caen, Cherbourg, Rouen, Le Havre.

Si l'on observe le comportement de l'indice qualitatif par région (d'une manière encore partielle puisque seules les zones Nord, Est, Centre-est ont été totalement analysées dans le cadre du test), on constate que l'accessibilité interne à chaque ensemble est supérieure à toutes les accessibilités extérieures, mais que cette supériorité demeure très inégale. C'est à l'intérieur de l'Est qu'elle est la plus forte, ce qui témoigne du maillage qu'engendre l'intersection de l'axe est-ouest (Paris-Strasbourg) avec les deux axes méridiens, lorrain et alsacien. Il n'en est de même ni pour le Nord, ni pour le Centre-est, l'un et l'autre étant trop marqués par les liaisons entre Paris et la province. Dans l'ensemble, les villes sont donc bien accessibles à partir de leurs voisines situées dans le même ensemble régional. Quelques exceptions cependant : Saint-Quentin pour le Nord, isolée sur son axe Paris-Belgique (ce qui rend son avenir d'autant plus inquiétant après le transfert de la desserte internationale sur l'axe TGV Nord) ; Reims, isolée également sur celui des Ardennes ; et Clermont-Ferrand dans son impasse (à comparer avec Bourges, qui jouit d'une meilleure accessibilité à partir du Centre).

Il est remarquable qu'à partir du Nord, ce soient les régions voisines (Normandie et Est) qui se montrent les moins accessibles (en raison de la médiocre desserte des rocades), tandis que les plus fortes accessibilités sont au bénéfice des régions desservies par le TGV à partir de Paris (Centre-est, Bretagne, Méditerranée, Sud-Ouest). Il en va différemment de l'Est, en provenance duquel le Centre-est jouit d'une excellente accessibilité, alors que c'est le Centre qui souffre de la plus mauvaise accessibilité, à cause du détour par Paris, de l'absence d'une véritable liaison transversale à partir de l'Est, et de maigres fréquences.

Seul, le Centre-est peut se targuer d'offrir des liaisons de bon niveau avec toutes les autres, même en dehors des axes TGV, vers l'Est et le Sud-Ouest notamment. Mais, là encore, c'est le Centre — pourtant voisin, ou précisément à cause de cela — qui dispose de la moins bonne accessibilité. *Ainsi tend à se vérifier l'hypothèse selon laquelle l'accessibilité par voie ferrée est, d'une façon générale et dans le système actuel de desserte, bien meilleure vers les régions éloignées que vers les plus proches.*

En ce qui concerne les coûts kilométriques, les plus élevés affectent les liaisons de voisinage, que ce soit à l'extérieur d'un même ensemble régional (du Nord vers l'Est et la Normandie, du Centre-est vers l'Est et surtout le Centre et, dans une moindre mesure, vers la Méditerranée, et de celle-ci vers le Centre) ou, plus encore, à l'intérieur (Nord, Méditerranée, et même Centre-est). Dans ce dernier cas, cette situation s'observe en dépit de fréquences satisfaisantes (9,13 à Grenoble par exemple), ce qui traduit le rôle contraignant de la topographie qui impose des détours souvent considérables (60 à 125 %), particulièrement pénalisants pour les liaisons à courte et moyenne distances.

À partir du Nord, les coûts kilométriques moyens affectent les liaisons classiques transitant par Paris (vers le Centre), tandis que les coûts les plus faibles s'observent sur les liaisons TGV prolongeant le transit parisien vers le Sud-Est, le Sud-Ouest et la Bretagne. À partir de l'Est, la situation est plus nuancée, la position des villes présentant une plus ample variation par rapport à Paris et aux grandes transversales. Dans la plupart des cas, le choix est donc donné entre un itinéraire transversal à très faible fréquence, compliqué et lent, et un onéreux détour par Paris, l'un et l'autre se traduisant par un coût total au kilomètre relativement élevé, pour des raisons différentes : coûts d'attente et du temps consommé pour le premier, coût du billet dans le second. Le coût kilométrique s'abaisse donc sur les grandes liaisons transversales bien desservies de manière classique, tandis qu'il est le plus faible sur celles qui relèvent normalement du transit parisien en raison des hautes fréquences résultant de l'emprunt successif des grandes radiales, tant sur les lignes classiques (vers la Normandie et partiellement vers le Nord) que sur les lignes à grande vitesse (vers la Bretagne et le Sud-Ouest). De même au départ du Centre-est, c'est encore vers les régions dépendant du transit parisien (et donc du TGV Sud-Est) vers le Nord, la Normandie et la Bretagne que les coûts kilométriques apparaissent les plus faibles, plus encore sur les liaisons relevant de l'emprunt successif des deux TGV Sud-Est et Atlantique (vers la Bretagne et en partie la Normandie). Il en va de même à partir de la Méditerranée, alors même que l'absence d'allongement de parcours évite un accroissement du prix du billet.

À l'égard de l'accessibilité monétarisée, c'est vers le Centre, seule région à ne pas émarger, peu ou prou, au système TGV, que l'accessibilité est la plus coûteuse, alors que c'est vers les régions dépendantes de ce système qu'elle se révèle la moins onéreuse : avec la tarification traditionnelle, le TGV a donc objectivement pour effet de réduire les coûts globaux de déplacement, en abaissant les coûts d'attente et de temps consommé. *Mais l'hypothèse demeure ouverte d'un effet opposé par la disparition progressive de la tarification kilométrique.*

L'introduction du système TGV modifie complètement la hiérarchie des facteurs déterminants de la qualité de la desserte — et donc de l'accessibilité — des villes françaises : c'est désormais la situation sur un réseau à grande vitesse plus ou moins vaste qui devient le premier facteur de l'accessibilité qualitative. Lyon, l'agglomération française de province qui bénéficie de la meilleure desserte, est ainsi très aisément accessible, non seulement du Sud-Est, mais aussi de Normandie (par le TGV Sud-Est et son prolongement vers Rouen) et plus encore de Bretagne grâce au TGV Atlantique. De la même manière, Nantes jouit d'une accessibilité moyenne vers le Sud-Ouest voisin (liaison classique traditionnelle), mais excellente vers le Nord et plus encore vers le Sud-Est (emprunt successif des deux TGV). À l'inverse, Clermont-Ferrand est la seule agglomération du lot à n'offrir que les deux derniers niveaux de dessertes pour toutes les régions — y compris la sienne propre — en raison notamment de l'absence totale de liaison TGV (sauf à passer "abusivement" par Paris).

La mise en place du système TGV introduit donc une nouvelle sélection des lieux à l'intérieur même du transport par voie ferrée. Par les hautes fréquences permises par les nouvelles lignes à grande vitesse, les liaisons partiellement ou totalement tributaires de ce système voient leur desserte fortement améliorée, tandis que celle des villes qui y demeurent totalement étrangères recule notablement. Mais, d'une façon générale, la réduction des temps de parcours résultant de l'utilisation de la grande vitesse ne joue un rôle décisif que pour les liaisons relevant totalement des nouvelles infrastructures.

En ce qui concerne l'accessibilité monétarisée, on observe que si la desserte entre grandes villes voisines est — sauf exception — celle qui présente aujourd'hui le meilleur niveau de desserte, c'est aussi celle qui, de loin, revient le plus cher au coût kilométrique. Pour qu'il n'en soit pas ainsi, il faudrait agir, alternativement ou concomitamment :

– sur l'itinéraire emprunté, de manière à raccourcir la distance et la durée (et donc le coût du billet et celui du temps consommé) ce qui, compte tenu de l'état du réseau, ne paraît plus possible aujourd'hui, sauf à rouvrir et réaménager aux normes modernes (voire à reconstruire) d'anciennes lignes locales fermées ou résiduelles (type Rodez-Séverac-le-Château pour la liaison Limoges-Montpellier, ou Cholet-Poitiers pour la liaison Nantes-Limoges par exemple) ;

– sur la fréquence réelle ou corrigée (suppression des correspondances) de manière à diminuer le coût d'attente, notamment sur les axes de second niveau constituant les itinéraires directs (exemple : Amiens-Rouen, Nevers-Dijon, Reims-Amiens, Nantes-Bordeaux, Nancy-Dijon...) ;

– sur la tarification, dans la mesure où les collectivités territoriales concernées le souhaitent et le peuvent ;

– sur les correspondances, qui affectent trop souvent les liaisons régionales, de façon à réduire le coût du temps consommé en accélérant les services (exemples particulièrement remarquables : Lille-Saint-Quentin, Clermont-Ferrand-Lyon ou Limoges, Nantes-Rennes...).

C'est à ce prix que le développement du réseau à grande vitesse, dans la forme exclusive de son application française actuelle, n'entraînera pas une croissance relative insupportable des coûts kilométriques de ce type de transport, tout en sachant qu'il n'est d'aucun secours pour les liaisons à courte et moyenne distances.

Vis-à-vis des liaisons à grande distance, le TGV, par l'accroissement des fréquences et de la vitesse qu'il autorise, entraîne une amélioration souvent spectaculaire de la desserte. Toutefois, cette amélioration de l'accessibilité ne sera perçue comme telle que pour autant que le coût du billet demeurera grossièrement proportionnel à la distance, et à la distance selon l'itinéraire traditionnel en cas d'allongement de parcours (type Lyon-Nantes). L'introduction progressive d'une tarification à la relation, modulée à la hausse selon la concentration du trafic et selon l'heure, risque fort de remettre en cause l'aspect économique de cette amélioration. En réduisant les coûts d'attente et de temps consommé, la grande vitesse engendre une forte hausse de l'indice d'accessibilité. Mais la tarification selon la distance allongée ou “à la relation” s'avérant toujours supérieure à la tarification traditionnelle, quel sera le bilan de cette amélioration ?

Dans quelle mesure la clientèle potentielle est-elle prête à accepter cet accroissement du coût du déplacement résultant de la grande vitesse, face à l'offre de l'automobile et de l'avion ? Telle est la question fondamentale. Elle sera d'autant plus déterminante sur l'inégalité de l'espace que l'offre “grande vitesse” sera conçue comme exclusive de l'offre traditionnelle sur voie ferrée. L'intervention de la DATAR pourrait à cet égard être décisive, en réfléchissant aux moyens de remédier à cette inégalité, soit par exemple en agissant sur le maintien d'une offre classique améliorée à côté de l'offre “grande vitesse”, soit en corrigeant les effets économiques de l'augmentation du coût du voyage liée à la grande vitesse.

Chapitre 9
Prospective de la mobilité quotidienne

Alain Bieber, Marie-Hélène Massot, Jean-Pierre Orfeuil *

À l'issue du présent ouvrage et après avoir parcouru les enjeux territoriaux des transports, nous proposons de nourrir une réflexion sur le futur de la mobilité quotidienne dans les grandes agglomérations. L'architecture de l'exercice est classique, avec une partie dévolue à la prospection — voyage dans des pays au développement comparable —, plongée dans notre passé récent, et une partie consacrée à la prospective, avec trois "futuribles" débouchant sur quelques thèmes de débat. La démarche n'en est pas moins ambitieuse et risquée, si bien que les partis pris de notre travail doivent être clarifiés, sous forme de réponse à trois questions :

Qu'entendons-nous par mobilité quotidienne ? Monsieur de La Palice répondrait sans doute : celle qui n'est pas exceptionnelle et exclurait donc les mobilités professionnelles à longue distance comme les moments de rupture que sont les vacances et les départs en week-ends. Il n'aurait pas tort, mais n'irait pas à l'essentiel : la mobilité quotidienne est bien celle qui est associée aux activités "banales" (travail, école, achats, visites et loisirs de proximité), mais c'est surtout celle qui est la plus influencée, déterminée, produite par les rapports qu'entretiennent les espaces entre eux et les formes spatiales du développement économique, au même titre qu'elle contribue à les transformer.

* *Respectivement* directeur pour la prospective des transports, chargée de recherche *et* directeur de recherche, Institut national de recherche sur les transports et leur sécurité (INRETS), Arcueil.

Qu'entendons-nous par prospective ? Avant tout un effort pour faire émerger un débat, sous-tendu par un "savoir vivre l'incertitude et la complexité" [1]. La nécessité de déborder des cadres factuels protecteurs, de remuer des valeurs pour élaborer plusieurs visions possibles du futur fait partie intégrante d'un exercice dont une forte dose de subjectivité ne peut donc être exclue. On observera toutefois que les promenades sur les pentes du présent, sans doute plus confortables, n'en sont pas moins risquées, comme nous le rappellent quelques crises et bifurcations encore dans les esprits (marché pétrolier, ouverture de l'Est, déréglementation...). Entre la roche tarpéienne de la déconstruction absolue et le Capitole du conservatisme, nous nous frayons un chemin en nous appuyant sur les valeurs et créations du génie propre des autres sociétés développées [2].

Qu'entendons-nous par questions vives ? L'explicitation de conflits de valeurs qui, dans les sociétés ouvertes [3], sont porteurs d'inflexions par rapport à la reproduction homothétique des tendances passées. Ces lignes de partage (et sans doute d'autres) seront implicitement au cœur de débats dont l'agora médiatique rendra compte probablement en des termes plus classiques, techniques ou économiques.

Ces options ne sont pas sans conséquences méthodologiques sur les façons d'aborder la question de la mobilité : les exigences d'une approche de long terme (à l'échelle d'au moins une génération) marginalisent les approches économétriques désagrégées (où tout est constant, sauf quelques caractéristiques du système de transport). De même, les approches les plus "intimistes", comme la "géographie du temps", initiée par l'École suédoise (Hagerstrand) et développée par le TSU d'Oxford, butent, à cet horizon, sur le passage du micro au macro-social. Faut-il alors en revenir aux anciens modèles de trafic et à leur paradigme gravitaire ? Ils répondent d'ores et déjà en partie à nos interrogations, à savoir la façon dont l'urbanisation transforme la mobilité. En revanche, la dynamique de l'urbanisation est, dans ces modèles, exogène. Elle peut être appréhendée soit comme déroulement des conséquences d'une logique planificatrice, soit modélisée sur des bases très fonctionnalistes, deux approches assez étrangères aux logiques actuelles du développement.

C'est autour des concepts de budgets (temporels et monétaires) que se constitue, dans le courant des années soixante-dix [4], une approche susceptible d'articuler micro et macro-social, production de la mobilité par l'urbanisation et de l'urbanisation par la mobilité. Selon l'hypothèse de Zahavi, "tout se passe comme si" la mobilité des individus tendait à saturer un budget monétaire affectable aux déplacements (exprimé en pourcentage du revenu disponible, à motorisation donnée) ou un budget temporel, relativement constant. Le contexte de sous-tarification des transports, assez caractéristique des sociétés développées, implique qu'à l'exception de certaines catégories défavorisées, le budget-temps est saturé bien avant le budget monétaire, si bien que l'attention s'est surtout focalisée sur la dimension temporelle. La question des transformations conjointes de la mobilité et de l'urbanisation reçoit alors une réponse simple, que nous exprimons ici en résumant brutalement la pensée de Zahavi : la mobilité évolue de telle sorte que les progrès de vitesse qu'offre la technique permettent d'augmenter la portée spatiale des déplacements, tout en maintenant le budget-temps de transport de l'ensemble de la population relativement stable.

Comme toute hypothèse, celle-ci mérite d'être soumise à l'épreuve des faits. Au départ de notre travail, son intérêt principal est d'orienter "l'espace des indicateurs" supports de réflexion. Ce seront :

– les échanges ou contacts nécessaires aux activités quotidiennes, qu'ils soient matériels et donnent lieu à déplacements physiques ou immatériels et donnent lieu à télécommunication,

– le temps passé dans les déplacements,

– la portée spatiale des échanges, exprimée à travers la distance de chaque déplacement ou la distance totale cumulée,

– enfin, la vitesse généralisée, définie comme le quotient des distances parcourues par les temps passés.

Ces indicateurs — auxquels on adjoindra, bien sûr, les prix d'une part, les répartitions modales d'autre part — sont explicitement au cœur de la "prospection" qui va suivre et, plus implicitement mais très présents néanmoins, au cœur des réflexions sur les scénarios.

La mobilité dans le monde développé

Cette partie a pour but essentiel de présenter les ordres de grandeur des concepts définis ci-dessus dans les différentes parties du monde développé. Il va sans dire que les statistiques ne sont pas toujours disponibles et que, lorsqu'elles le sont, elles ne sont pas toujours comparables. Nous nous limiterons donc aux éléments les plus importants et les plus sûrs, à travers des comparaisons entre les trois grandes zones de l'OCDE (Organisation de coopération et de développement économiques) d'une part, des comparaisons intraeuropéennes d'autre part.

Japon, États-Unis, Europe : des schémas de mobilité contrastés

Pour la fréquence des contacts matériels (nombre de déplacements par personne et par jour), le diagnostic le plus sûr est celui de variations faibles en fonction des pays. L'Europe, avec 3,4 déplacements par personne et par jour environ, se situe environ 10 % au-dessus des États-Unis (et des quelques observations disponibles au Japon).

La fréquence des contacts immatériels (via le téléphone) ne fait pas l'objet de suivi systématique. Les indicateurs de nombres de postes téléphoniques par habitant et de chiffre d'affaires des réseaux peuvent servir d'indicateurs indirects. Avec quatre cents lignes pour mille habitants — contre cinq cents aux États-Unis —

	États-Unis	Australie	Europe de l'Ouest	Asie développée
Automobiles/1000 habitants	533	453	328	88
Passagers-km en automobile (par personne et par an)	12 500	10 700	5600	1800
Passagers-km en transport collectif	500	860	1800	3100
Passagers-heures en automobile (par personne et par an)	289	244	167	76
Passagers-heures en transport collectif (par personne et par an)	21	30	68	126

Source : Newman et Kenworthy, 1989. Valeurs 1980.

Fig. 1 — La mobilité et son contexte dans les grandes villes du monde et surtout une recette par poste très inférieure, l'Europe se situe en moyenne très en dessous des États-Unis, plus légèrement en dessous du Japon, où le nombre de postes par habitant est équivalent, mais les recettes supérieures malgré des prix unitaires plus faibles.

La base la plus sûre pour la comparaison des temps totaux de déplacement a été constituée par Newman et Kenworthy [5] et concerne les temps passés dans les modes motorisés dans les grandes agglomérations (cf. fig. 1). Ils sont nettement plus élevés aux États-Unis qu'en Europe et au Japon. Lorsqu'on réintègre les temps passés dans les modes non motorisés (marche, bicyclette), qui représentent un tiers des déplacements en Europe et au Japon, un diagnostic de faible variabilité des temps totaux de déplacements (par personne et par jour) peut à nouveau être porté avec, bien sûr, une "répartition modale" de ces temps très différente d'un continent à l'autre.

C'est indiscutablement sur les distances parcourues (fig. 2) que l'information statistique est la plus fiable... et les écarts les plus importants : la distance totale parcourue par les Japonais est de 25 % inférieure à celle de leurs homologues européens, tandis que celle des Américains est double. La confrontation des résultats en termes de distances et de temps implique à l'évidence une vitesse généralisée très supérieure aux États-Unis. Les résultats de l'enquête transport de 1983 [7] donnent une vitesse moyenne pour les déplacements domicile-travail de 46 kilomètres par heure dans les agglomérations et de 56 km/h en dehors des grandes agglomérations, contre une moyenne de 29 km/h en France à la même époque.

Les indicateurs de niveau relatif de prix (fig. 3) sont sans grandes surprises : les coûts d'usage de l'automobile sont beaucoup plus faibles aux États-Unis qu'en Europe, et légèrement plus élevés au Japon.

Les répartitions modales sont elles aussi sans surprise, avec un rôle très important des transports publics (et de la marche) au Japon, un rôle quasi exclusif de l'automobile aux États-Unis et un schéma intermédiaire en Europe.

On note donc au total une très forte corrélation entre les offres (entendues au sens large : densités, localisations, offres d'infrastructure de circulation, de stationnement et de services de transport,

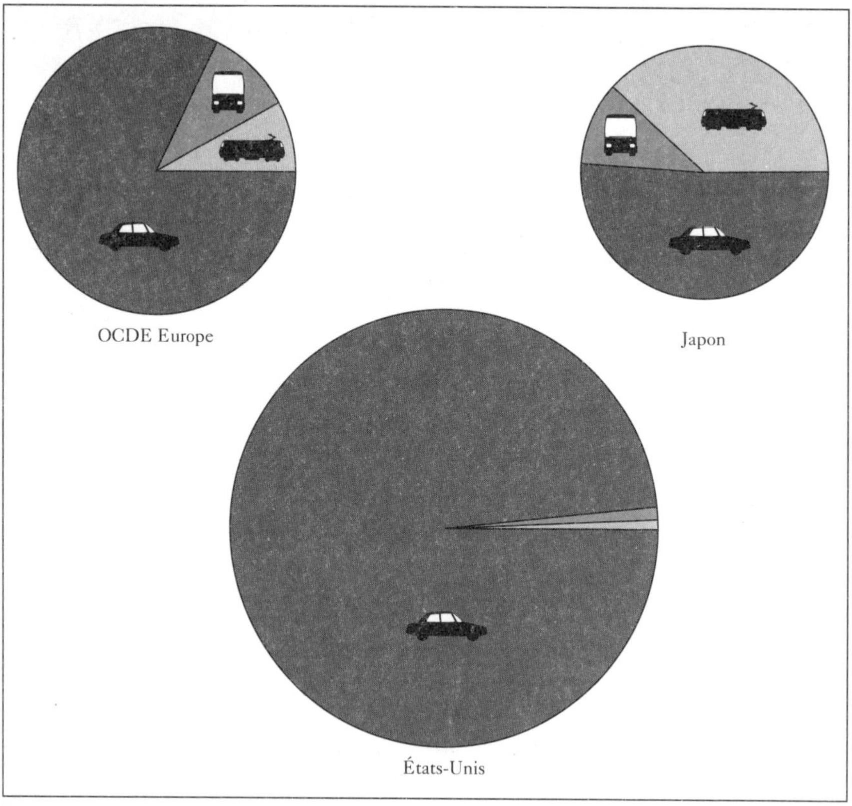

Les surfaces des cercles sont proportionnelles aux distances annuelles par habitant.
Source : calcul des auteurs à partir de Eurostat 86.

Fig. 2 — La mobilité en Europe, aux États-Unis et au Japon

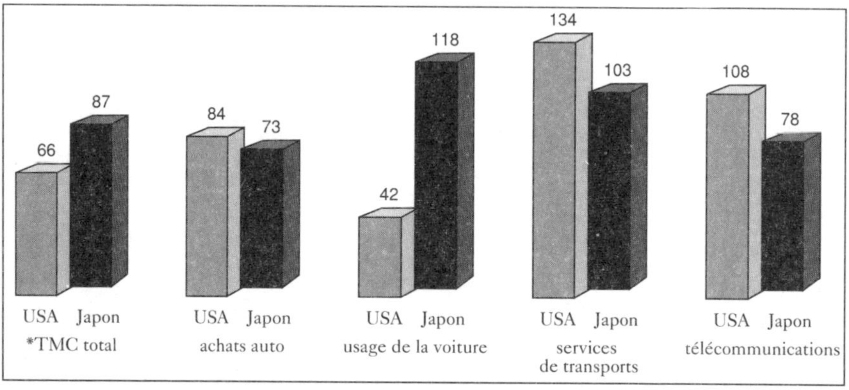

Prix de la fonction (1985) déflaté de l'indice général des prix. Base 100 pour la CEE.
Source : calcul des auteurs à partir de Eurostat 86.

Fig. 3 — Prix relatif des fonctions transport-communication politiques de prix...) et l'expression des demandes : la circulation est plus abondante, plus fluide et moins coûteuse dans les sociétés les plus motorisées, mais les services de transport public y sont plus rares et plus coûteux. Quand elle s'interroge sur son avenir, l'Europe — dont les densités sont intermédiaires entre celle des États-Unis et celle du Japon — peut se référer à deux modèles très contrastés en matière de gestion de l'urbanisme et de la mobilité.

La diversité européenne

On limitera ici l'analyse à quelques pays dont le niveau de développement est comparable au nôtre, pour éviter les effets de revenus, mais on utilisera à la fois des micro-analyses (issues de travaux comparables aux enquêtes-transport françaises) et des indicateurs plus macro-économiques provenant des annuaires publiés par les autorités nationales, la Conférence européenne des ministres des transports (CEMT) ou la Fédération routière internationale.

On retiendra essentiellement des différentes statistiques disponibles (qui ne portent pas toujours sur les mêmes populations enquêtées, voir fig. 4) que les nombres moyens de déplacements par personne et par jour varient de plus ou moins 10 % autour de la moyenne, que les temps totaux de déplacements paraissent assez stables (à l'exception de la France qui se situe nettement en dessous, mais intègre les très jeunes enfants dans ses statistiques).

Des écarts importants peuvent être notés dans les autres domaines : aux Pays-Bas, en Suisse et dans l'ensemble des pays nordiques, le recours aux télécommunications est plus développé que dans les autres grands pays européens, et les indices de prix y sont en général plus faibles. Par ailleurs, les distances parcourues, comme la répartition entre les modes, sont les éléments les plus variables d'un pays à l'autre, et les logiques tarifaires peuvent souvent (mais pas toujours) expliquer les différences. D'autres facteurs peuvent aussi jouer, parmi lesquels la qualité du réseau cyclable (Pays-Bas : 16 % des distances parcourues en modes non motorisés), un certain rigorisme écologique (Autriche, avec un rôle important pour les transports publics) ou encore la prise en charge par les employeurs d'une part importante des frais automobiles des ménages (Grande-Bretagne, où près d'une voiture neuve sur deux est vendue à des sociétés).

Pays	Limite d'âge	Type de période	Date d'enquête	Dépla-cement (nb)	Distance /jour (km)	Temps /jour (min)	Modes (% dépl./distance) Prox.	TP	Auto.	Motifs (% déplacements) Obli.	Serv.	Lois.
Autriche	>6	JO	83	2,9	22	67	40/8	19/34	42/58	40	30-41	18-29
Finlande	–	7J	86	3,1	–	71	31/6	12/19	57/75	33	34	33
France	>6	7J	84	3,1	21	53	41/8	8/17	51/75	38	36	26
Allemagne	>10	7J	82	2,9	30	69	41/8	14/25	45/57	39	32	30
Israël *	>8	JO	84	3,0	–	–	37/–	31/–	32/–	43	28	29
Pays-Bas	>12	7J	87	3,4	33	71	47/16	5/12	47/72	29	25	46
Norvège **	13-74	7J	85	3,4	32	71	–	–	–	–	–	–
Suède	15-84	7J	83	3,6	25	–	38/5	12/20	50/70	36	16	48
Suisse	>10	7J	84	3,3	29	70	46/10	12/20	42/70	36	34	30
Royaume-Uni	–	7J	86	2,8	23	–	37/9	14/19	49/72	30	40	30

* Valeur moyenne pour Tel-Aviv, Haifa, Jérusalem.
** Population urbaine.
JO Jours ouvrables ; 7J Moyenne sur la semaine
– Non disponible
Prox. Marche et deux-roues
TP Transport public
Auto. Automobile conducteur et passager
Obli. Travail, école, déplacement professionnels
Serv. Courses, accompagnement d'enfants
Lois. Loisirs

Source : Orfeuil, 1992.

Fig. 4 — La mobilité quotidienne en Europe

Une étude sur une longue période et à un niveau relativement agrégé de l'évolution de la mobilité dans les différents pays doit faire la part des évolutions démographiques, des effets de la croissance économique et du reste, qu'on peut plus ou moins légitimement attribuer aux effets des politiques d'investissement et de gestion dans le domaine de l'espace et de la mobilité. Un travail de ce type [7] étudie séparément les mobilités automobiles et ferroviaires entre 1970 et 1985. Les principales conclusions en sont les suivantes :

– Pour la mobilité automobile, la contribution de l'évolution démographique à la croissance est assez stable dans les différents pays et explique environ un quart de la croissance. L'effet autonome de la croissance économique est beaucoup plus variable : il n'explique qu'un quart à un tiers de la croissance en France et en Belgique, la moitié aux Pays-Bas, plus de 60 % en Allemagne et en Italie. La part imputable à une gestion des espaces et un développement d'offres favorables à l'automobile est la plus élevée en France et en Belgique (ce qu'on peut rapprocher de la rapidité de la croissance périurbaine et des développements autoroutiers importants). Elle est nulle au Danemark, dont on connaît l'alourdissement de la fiscalité automobile.

— Pour la mobilité ferroviaire, l'évolution démographique contribue positivement à la croissance, la croissance économique apparaît sans effet direct (les effets sur le taux de motorisation compensant les effets-revenus). Les effets d'offre dominent avec une contribution très positive en France et au Danemark, négative en Grande-Bretagne et en Belgique.

Au total, des politiques assez différentes produisent des résultats différents mais attendus : l'Allemagne et l'Italie ont, sur la période, assez peu développé leurs offres, qu'elles soient routières ou ferroviaires ; Belgique et Grande-Bretagne ont fait un choix assez clair en faveur des routes, tandis que le Danemark a privilégié le fer. La France, en étant active sur les deux tableaux, a vu ses demandes de transport croître plus rapidement que ce que les seules évolutions démographiques et économiques permettaient d'anticiper.

France d'hier, France d'aujourd'hui : de mai 68 au cocooning

Quelques évolutions marquantes de la société, évoquées brièvement, vont nous permettre d'éclairer celles de la mobilité quotidienne.

Les mutations de la société française

Fixons d'abord l'ordre de grandeur de la croissance : la consommation finale par habitant augmentait d'un peu plus de 4 % dans les années soixante, de 2,4 % dans les années soixante-dix et d'un peu moins de 2 % dans les années quatre-vingt. Le ralentissement est d'autant plus sensible pour les actifs que le nombre de retraités croît (et leur sort s'améliore), que le chômage s'étend, que l'allongement des études et des périodes d'insertion est à l'origine d'une nouvelle phase du cycle de vie (entre 16 et 25 ans) plus ou moins dépendante des ressources des actifs. L'arrivée massive (et à plein temps) des femmes sur le marché du travail contrebalance partiellement ces évolutions. Tous ces facteurs pourraient être à l'origine d'une modération de la croissance de la mobilité urbaine [8]. Ce serait compter sans les effets de génération (les retraités restent motorisés et automobilistes, l'"égalité" des sexes entraîne une

	Taux d'évolution annuel des prix relatifs 1970-1991	Taux d'évolution annuel du volume 1970-1991
Voitures	0,30	4,20
Carburant	0,00	2,90
Dépenses d'usage pour la voiture	0,80	3,20
Télécommunications	-3,80	13,00
Électroménager	-7,10	11,40
Redevance	-2,30	6,80
Cinéma	1,30	-2,30
Équipement ménager	-2,70	3,90
Laveries	0,80	-0,90
Location/logement	0,00	4,70
Consommation totale		3,00

Source : INSEE, 1992.

Fig. 5 — La consommation des ménages : évolution des volumes et des prix

multimotorisation) et les mutations profondes de nos espaces : sur le versant productif, l'effondrement de l'emploi à recrutement familial et local (sidérurgistes et mineurs, agriculteurs, commerçants et artisans de villages...) et l'exigence de flexibilité qui distend le lien entre travail et domicile (un passage au chômage s'accompagne de distances au travail plus élevées) ; sur le versant résidentiel, la croissance des ceintures périurbaines et l'intégration des petites villes dans l'aire d'attraction des plus grandes [9]. Les schémas de consommation évoluent en parallèle.

Les priorités du "Français moyen" [10], telles qu'elles ressortent de l'analyse des croissances en volume (fig. 5), vont au logement, toujours plus spacieux, plus confortable, mieux équipé. Les produits susceptibles de faire gagner du temps (matériel électrique ménager), de le passer (télévision, hi-fi), de le gérer (magnétoscope, congélateur et microondes), de le nier (à travers l'immédiateté du téléphone) prolifèrent. Dans les transports, seule l'automobile (et l'avion, qui est hors du champ de la problématique du quotidien) tire son épingle du jeu, avec des dépenses qui croissent au rythme de la consommation totale, tandis que les postes de consommation partiellement substituables par des activités au foyer (hôtel, café, cinéma, laverie, coiffeur...) régressent en part relative. L'explosion de la filière électronique et des "télé-activités" qu'elle permet doit être mentionnée, non seulement parce que c'est le seul poste de croissance "à deux chiffres", mais aussi parce que nous ne sommes probablement qu'à l'aube de leur impact sur la structuration de nos modes de vie et de notre rapport à l'espace : même avec un "PAF" (paysage audiovisuel français) en ébullition, nous sommes encore loin des taux d'équipement, des durées d'écoute... et de la palette de choix américains (où l'on choisit son motel aussi en fonction du "panier de chaînes" câblées qu'il propose) et des innovations japonaises (chaîne éducative) ; le téléphone équipait 15 % des foyers dix ans après le "22 à Asnières", il en équipe plus de 90 % aujourd'hui (son petit frère, le Minitel, est en croissance rapide, le visiophone, professionnel ou domestique, est annoncé) et une part significative du parc automobile demain sera "branchée".

De la façon dont entreprises et administrations se saisiront de ces opportunités (en apportant un "contenu" aux "tuyaux") pour étendre leurs aires de marché, revoir leurs organisations, améliorer leur productivité dépendront non seulement les interfaces entre transport et télécommunications (substitution, complémentarité, induction, flexibilité...), mais aussi notre rapport à l'habitat et aux espaces. Dans la phase actuelle, et pour autant qu'on puisse isoler l'effet propre de ces techniques, il semble qu'elles participent plutôt au renforcement de la métropolisation et à la déconcentration des activités de "second rang" vers les périphéries des aires métropolitaines qu'aux souhaits des hommes politiques (pour une fois toutes tendances confondues) de revitalisation des espaces ruraux.

Les évolutions de la mobilité

Nous analyserons ci-dessous l'évolution de la mobilité en France à l'aide des indicateurs déjà utilisés dans les comparaisons internationales. Le nombre total de déplacements est stable en moyenne, avec une stagnation en Île-de-France, des phénomènes de rattrapage dans les villes jusqu'alors peu mobiles et de tassement dans celles qui l'étaient beaucoup. Les causes de cette stag-

		Nombre total de déplacements par personne	Budget-temps total (en minutes)	Nombre de déplacements en auto par personne	Budget-temps total en auto (en minutes)
Paris	1976	3,17	69,9	1,03	21,6
	1983	3,13	68,8	1,16	23,2
Lille	1976	2,68	42,3	1,13	18,1
	1987	3,47	48,6	1,88	24,4
Lyon	1976	3,45	59,6	1,31	22,1
	1985	3,24	52,9	1,46	21,9
Marseille	1976	3,66	59,7	1,21	23,1
	1988	2,87	54,3	1,35	25,6
Bordeaux	1978	2,83	48,3	1,42	24,1
	1990	3,11	48,5	1,97	29,6
Toulouse	1977	2,99	54,3	1,43	27,2
	1990	2,91	43,1	1,84	27,6
Grenoble	1978	4,03	57,1	1,55	21,7
	1985	3,75	50,4	1,81	23,5
Nantes	1980	2,72	38,1	1,22	17,1
	1989	3,28	48,1	1,95	27,3

Source : calculs des auteurs à partir de Cetur 90 et Cetur 92.

Fig. 6 — Évolution de la mobilité et du budget-temps de transport nation (malgré la croissance économique) sont relativement bien documentées : le vieillissement, le chômage, l'extension de la journée continue, le développement des hypermarchés, l'explosion des contacts immatériels exerçant une pression à la baisse que contrebalance l'expansion des déplacements de loisirs (en particulier de visites).

Les enquêtes nationales sur les budgets-temps des Français (1975-1985) ne font pas apparaître d'augmentation des temps consacrés aux déplacements (malgré l'augmentation nette du temps libre qui a, il est vrai, surtout été allouée à la télévision). Les données issues d'enquêtes de déplacements confirment et affinent le diagnostic : on observe une grande stabilité, mais à un niveau élevé (1 heure 10 minutes) en Île-de-France et une convergence frappante, autour de 50 minutes, dans la plupart des agglomérations françaises traduisant, là encore, une grande stabilité d'ensemble (fig. 6).

C'est à nouveau dans le domaine des distances parcourues que les évolutions sont les plus significatives. Chaque Français parcourt aujourd'hui 12 700 kilomètres par an, soit une augmentation de 75 % en vingt ans (à budget-temps, rappelons-le, pratiquement inchangé). L'évolution de cet indicateur (qui intègre aussi la mobilité à longue distance, soit moins de 20 % des personnes-kilomètres transportées, ce qui ne perturbe donc pas le diagnostic) n'aurait évidemment pas été possible sans glissements modaux significatifs : érosion de la marche à pied, chute spectaculaire des deux-roues légers, partage plus favorable aux réseaux de transport régionaux, trains de banlieue, métros qu'aux autobus, croissance de la circulation automobile plus importante sur les réseaux autoroutiers périurbains que sur la voirie urbaine, etc.

Enfin, les évolutions des coûts et prix relatifs des modes sont assez modestes, malgré chocs et contre-chocs pétroliers qui ont drainé des clientèles et investissements vers les transports publics quand la croissance de la demande globale était faible, vers l'automobile quand la croissance, stimulée par le regain économique, était plus élevée.

Trois scénarios

Au terme de ce bref rappel, nous pouvons mieux qualifier les tendances sur lesquelles repose l'évolution récente de la mobilité d'une ville "plongée" dans une économie moderne (certains ajouteraient : de type fordiste) ; elle est caractérisée comme suit :

$$[(\ C_1 \rightarrow \ + \ C_2 \nearrow \ ), \quad T \rightarrow \ , \quad D \nearrow \ ]$$

C_1	C_2	T	D
Transports	Télécommunications	Temps passé	Distances parcourues

avec évidemment $V \nearrow$

La compréhension de la transformation historique des espaces nous permet d'avancer l'idée que la mobilité est une production sociale largement déterminée par l'interaction de formes urbaines de plus en plus déconcentrées et de techniques de transport de masse de plus en plus rapides.

La question de la vitesse est centrale, puisque la hiérarchie de la croissance des modes recoupe celle de leurs vitesses respectives.

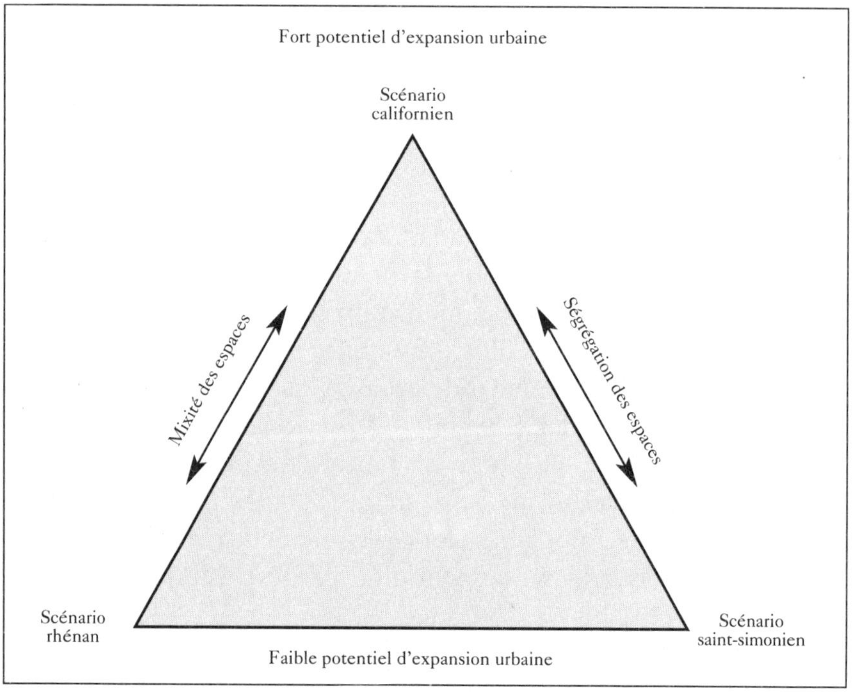

Fig. 7 — Les trois scénarios

Elle l'est aussi parce que les vitesses permises sont en rapport étroit avec la finesse du maillage des infrastructures et leur degré d'extériorité par rapport aux espaces qu'elles desservent. La poursuite du modèle actuel suppose une aptitude à desserrer des contraintes, certes non absolues, sur deux fronts distincts et partiellement conflictuels : la saturation des réseaux et leur intégration dans des espaces qui n'ont pas toujours, et pas tous, vocation à être autre chose que circulatoires.

Cette dérive est maintenant contestée par le mouvement écologiste. Elle est défendue par les milieux d'affaires qui en mesurent, depuis Saint-Simon, le rôle économique central. Mais l'important est que l'on passe d'une époque où la croissance de la mobilité a été perçue comme une pulsion sociale connotée positivement à une époque où elle est perçue comme une production sociale connotée négativement. Néanmoins, il ne serait pas très intéressant, nous semble-t-il, d'en rester à ce niveau pour construire des scénarios. L'opposition croissance/écologie est en effet largement documentée. Elle nous paraît devoir être remplacée par des typologies plus urbanistiques, plus proches des grandes politiques urbaines observables dans les différentes parties du monde.

C'est donc en référence à la dynamique historique et à ces problèmes que nous avons construit nos trois scénarios, élaborant des modèles de développement :

– inspirés largement de l'analyse des pratiques développées par différents pays ;

– très différenciés du triple point de vue des organisations sociales, de l'urbanisme sous son angle spatial et des politiques de transport ;

– concernant plutôt les grandes agglomérations, excluant celles à profil largement touristique.

Les trois dynamiques retenues

L'esprit de nos trois scénarios s'appuie sur trois dynamiques urbaines nettement différenciées, autant au niveau de la dynamique économique sous-jacente qu'à celui des formes urbaines qui en résultent (fig. 7).

Quelques explications peuvent faciliter la compréhension de nos options : une première différenciation oppose la base au sommet du triangle. La base, qui soutient les scénarios "rhénan" et "saint-simonien", est caractérisée par un faible potentiel d'expansion urbaine (en termes de capacités de création d'urbanisations nouvelles suffisamment desservies, c'est-à-dire bien reliées aux urbanisations existantes), le sommet, sur lequel repose le scénario "californien", est caractérisé par l'absence de ce type de contraintes spatiales. En d'autres termes, la création d'urbanisations nouvelles est institutionnellement et techniquement facile et peu coûteuse dans ce contexte. À partir de la situation "moyenne" du scénario californien, on opposera un flanc gauche à faible spécialisation des espaces (utilisation du sol marquée par un mélange des espaces d'activités et d'habitat, avec une relative absence de zonage autoritaire) et un flanc droit à forte spécialisation des espaces (utilisation du sol marquée par une distinction forte des zones d'activités et d'habitat renforcée par une tradition de planification et de zonage autoritaire).

Nous associerons aux trois sommets du triangle des dynamiques économiques différentes. Elles peuvent être esquissées comme suit :

– au sommet "californien" sera associée une dynamique économique très individualiste (et libérale), plus axée sur les flux que sur les stocks, sur les nouvelles entreprises que sur les patrimoines, sur les technologies nouvelles que sur les grandes structures techniques héritées du passé ;

Scénarios	Valeurs	Principe privilégié de transformation de la société	Sphère d'action privilégiée
Saint-simonien	Technophile Productiviste	La technique au service de l'homme	Activités de l'entreprise dans le cadre du développement économique
Rhénan	Urbanophile Humaniste	La cité comme lieu d'échange et de civilité	Activités politiques dans le cadre du jeu social
Californien	Naturophile Individualiste	La nature comme ressource vitale pour le développement	Activités créatives dans le cadre résidentiel

Fig. 8 — Principes culturels des scénarios proposés

– au sommet "saint-simonien" sera associée une dynamique économique très structurée par un pouvoir bancaire concentré (axé sur la valorisation des patrimoines, le souci d'accumulation immobilière se concrétise en agissant en faveur d'investissements de transport lourds et structurants, le plus souvent radiaux) ; les solutions techniques avancées, permettant aux grandes vitesses urbaines de se développer en urbanisation dense et polarisée, sont évidemment favorisées (infrastructures autoroutières à accès contrôlé, train express régional, pénétrantes ferroviaires, etc.) ;

– au sommet "rhénan" sera associée une dynamique économique faisant place aux fonctions culturelles de la ville (commerces, éducation, administrations, régulations politiques, tourisme, activités artistiques) et s'accommodant aussi du regain de structures de production industrielle de type réseaux de PME ; c'est la dynamique économique qui permet en principe une reconquête urbanistique des quartiers denses et anciens.

On doit évoquer, pour terminer cette présentation résumée de nos trois scénarios, des éléments culturels plus controversés car plus subjectifs, mais incontestablement présents dans un débat sur l'avenir des mobilités urbaines (fig. 8). Il nous semble possible d'avancer des spécificités des scénarios quant aux valeurs, aux principes de transformation de la société, aux sphères d'action privilégiées dans chaque scénario. Bien entendu, nous ne formulerons aucun jugement de valeur à leur égard. Comme il est de règle dans les méthodes basées sur la confrontation de scénarios, nous acceptons d'avance toutes les critiques fondées sur la subjectivité ou l'idéalisation des situations décrites, partant de l'idée que c'est justement de ces critiques que naissent les éléments essentiels de l'approche prospective.

Essayons, sur ces premières bases, d'expliciter des stratégies applicables à l'ensemble (urbanisme et réseaux de transport), dans les trois perspectives précédemment esquissées. Nous aborderons ensuite les avenirs envisageables, dans les trois contextes pour la mobilité.

Les stratégies d'urbanisme, de transport et de communication

Nous avons mis l'accent sur dix items qui nous paraissent représentatifs des stratégies envisageables dans les trois scénarios californien, saint-simonien et rhénan en termes d'urbanisme (3 items), de transports (5 items) et de télécommunications (2 items).

– *Items "urbanisme" :*

1) Articulation travail-loisirs : les thèmes de la désynchronisation des rythmes temporels et l'évolution du temps libre sont ici perçus comme stratégiques avec, en filigrane, le rôle régulateur puissant de l'Éducation nationale et de ses rythmes de production de l'offre scolaire.

2) Régulation des formes urbaines : très centrale dans la détermination de la mobilité, la variable "utilisation du sol" s'articule, beaucoup plus qu'en termes de densité, sur le principe plus ou moins intense de spécialisation de l'espace.

3) Solution privilégiée pour l'habitat : l'opposition entre habitat collectif et habitat individuel et celle entre grands ensembles et habitat collectif réparti structurent évidemment nos scénarios de mobilité (effet de densité, sur la voirie, sur le stationnement, sur les déplacements de proximité à pied et en deux-roues, sur les télé-activités, etc.).

– *Items "transport"* (3 pour les infrastructures, 3 pour l'exploitation des réseaux) :

4) Infrastructures d'accès aux centres-villes : volet routier. C'est la façon d'aborder le problème du déficit d'infrastructure routière vers les centres qui sera soulignée. L'importance de cet item est révélée par l'ampleur du débat actuel et la richesse des propositions et projets.

5) Infrastructures d'accès aux centres-villes : volet transport collectif. La nécessité du transport collectif pour l'accès au centre n'étant plus controversée, c'est à la question des techniques et de leur vitesse qu'il faut s'attacher.

6) Ossature routière interbanlieues : ces trajets explosent et ne peuvent qu'être amplement dominés par les solutions routières. Les variantes reposent sur le niveau d'investissement consenti et la tolérance des riverains aux nouvelles constructions. La question du péage (cf. 8) est évidemment connexe.

7) Lutte contre la "captivité" locale dans les banlieues : les non motorisés souffriront d'un isolement spatial croissant, à moins d'une création de réseaux locaux adaptés et d'un maintien de services "de proximité" par action volontariste de réhabilitation des

quartiers. Les solutions de transport, à cette échelle locale, sont difficiles à assurer dans des conditions économiques supportables, sauf mutation technologique et sociale du transport, avec un profil bien différent dans les trois scénarios.

8) Péage de congestion : inévitable à long terme dans tous les scénarios. Mais il peut être introduit selon des logiques spatiales et économiques très différentes dans les trois cas.

– Items "télécommunications ou télé-activités" :

9) Télé-activités professionnelles : le champ recouvre non seulement le télétravail mais également les effets plus indirects de la télématique professionnelle sur la mise en réseau des entreprises, des commerces et des services. Les implications possibles des scénarios sont rappelées, essentiellement en termes d'aménagement du temps.

10) Télé-activités personnelles : il s'agit de ce que les Anglo-Saxons abordent dans la problématique *"in home, out of home"* : développement des télé-activités à domicile (y compris les services impliquant les loisirs quotidiens).

Les trois scénarios

– *Le scénario californien* est l'expression d'une culture libérale dans un environnement sans grandes contraintes d'expansion spatiale. L'offre foncière et immobilière s'y développe à coûts réduits. La conséquence la plus importante de cette facilité de création des urbanisations nouvelles est une assez faible valorisation des patrimoines immobiliers, entraînant une certaine décontraction à l'égard de la politique de conservation de ces patrimoines. L'essentiel des valeurs urbaines est placé dans les nouvelles frontières de l'urbanisation, pas dans les centres.

Articulation travail-loisirs	Extension du temps libre, flexibilité du temps de travail. Fonctionnement urbain désynchronisé.
Régulations des formes urbaines	Centres-villes délaissés sauf par tertiaire haut de gamme. Déconcentration, absence de zonage, valeurs foncières faibles, négociations au cas par cas pour les implantations tertiaires.

Solution pour l'habitat	Maison individuelle, attrait du suburbain.
Accès aux centres-villes : **a) Volet routier**	 Infrastructures autoroutières prolongées jusqu'à proximité des centres-villes car faible valeur patrimoniale.
b) Volet transport collectif	Autobus, minibus, taxis collectifs, avec voies réservées sur les autoroutes urbaines. Covoiturage. Parcs d'échange pour banlieues peu denses.
Ossature routière interbanlieues	Maillage autoroutier dense et larges boulevards urbains permettant des vitesses élevées ; pas de transports en commun.
Lutte contre la captivité locale dans les banlieues	Système intermédiaire entre l'autobus et le taxi à faible coût de main-d'œuvre (économie libérale).
Péage de congestion	Points de congestion diffus, concessions possibles en urbanisation rapide. Péage cordon isolant les centres d'affaires.
Télé-activités professionnelles	Conception libérale et ouverte de la vie professionnelle.
Télé-activités résidentielles	Télématique personnelle modifiant les pratiques d'achat et de loisirs.

– *Le scénario rhénan* est sous-tendu par une vision apaisée du libéralisme, un état de fortes contraintes d'expansion spatiale excluant l'urbanisation massive des zones rurales périphériques et surtout par une tradition urbanistique basée sur l'exploitation intensive des infrastructures existantes. Cette dernière recouvre l'ensemble des pratiques conduisant à réutiliser, sans préoccupations de zonage, les parcelles et les espaces publics libérés par l'évolution des quartiers.

Articulation travail-loisirs	Pression pour la semaine de 4 jours avec choix du jour de congé dans la semaine. Certaine désynchronisation.
Régulations des formes urbaines	Maintien des centres historiques et diffusion autour d'un urbanisme polyfonctionnel.
Solution pour l'habitat	Habitat permettant d'obtenir des densités urbaines assez élevées, à niveau d'équipement correct (petit collectif).

Accès aux centres-villes : **a) Volet routier**	Réseaux de boulevards autoroutiers autour des centres avec souterrains d'accès à parking, priorité aux modes collectifs.
b)Volet transport collectif	Sites propres classiques denses, coordination tarifaire et technique, priorité sur voirie.
Ossature routière interbanlieues	Polyfonctionnalités des espaces = faible trafic interbanlieues. Difficulté de construire des rocades dans tissu dense.
Lutte contre la captivité locale dans les banlieues	Densités moyennes, polyfonctionnalité, qualité des TC rendent moins aigus ces problèmes.
Péage de congestion	Fortes pressions pour contenir la mobilité physique sur les réseaux périurbains et régionaux. Pression pour un péage de congestion sur les dessertes régionales.
Télé-activités professionnelles	Peu sollicitées en raison de la polyfonctionnalité des espaces et de la forte réglementation des activités professionnelles.
Télé-activités résidentielles	Peu sollicitées en raison de la polyfonctionnalité des espaces. Vie locale entretenue dans les quartiers.

– *Le scénario saint-simonien* repose sur une vision structurante du libéralisme économique, qui place la puissance publique à la source des mécanismes créateurs des plus-values, tant par le biais des grandes infrastructures que par le maintien des rentes foncières aux pôles ainsi créés. Il est favorable au progrès technique : recherche systématique de vitesse sur les grands axes, recours à des séparations systématiques des trafics, électrification des systèmes, passage à l'automatisme intégral.

Articulation travail-loisirs	Principe taylorien de l'organisation sociale conservé, faible désynchronisation, le temps libre évolue peu.
Régulations des formes urbaines	Zonage strict, création de grands objets urbains.
Solution pour l'habitat	Habitat industriel (collectif ou lotissements) loin des centres.

Accès aux centres-villes :	
a) Volet routier	Recours aux autoroutes enterrées sur des dessertes très ciblées.
b) Volet transport collectif	Mots-clefs : vitesse, souterrain, augmentation des distances au travail. Sites propres automatiques pour accès au centre.
Ossature routière interbanlieues	Autoroutes en surface en grande couronne et enterrées en petite couronne. Fort pari financier sur la croissance à venir.
Lutte contre la captivité locale dans les banlieues	Les dessertes ferrées jouent un rôle social important. Peu de transport à la demande car main-d'œuvre peu "flexible".
Péage de congestion	Crédible à court terme sur voies rapides souterraines qu'il s'agit de financer. Itinéraires "concurrents" sans péage.
Télé-activités professionnelles	Scénario porté par logiques industrielles = développement des télécommunications sous des formes institutionnalisées et lourdes (téléport, immeubles intelligents).
Télé-activités résidentielles	Peu sollicitées sauf quand elles intéressent directement un secteur industriel (réservation aérienne...).

Questions vives

Les trois scénarios exposés n'ont d'autre but que de provoquer une réflexion sur l'aspect nécessairement global de l'effort prospectif sur la mobilité. La mobilité ne peut, nous semble-t-il, être réduite à ses dimensions "individuelles" : elle doit aussi être abordée comme le produit de l'ensemble des facteurs aboutissant, dans une culture donnée, aux choix des localisations et des rythmes d'activités, des domaines spatiaux accessibles, dans un contexte marqué par les télécommunications. Plus qu'une "pulsion" sociale elle est, nous semble-t-il une production sociale et le résultat d'une "culture" de la technostructure et des "décideurs". C'est ce que nos scénarios essaient de souligner.

À ce titre, puisque notre sujet est de faire émerger quelques questions sur l'avenir de la mobilité en France, on peut, en préambule, s'interroger sur l'unicité de cette culture dans notre pays. Peut-on imaginer que des régions s'orientent vers des modèles différents. (Par exemple, développement de la région parisienne en termes saint-simoniens classiques, modèle californien pour l'arc méditerranéen et modèle rhénan pour les zones plus en relation avec l'arc lotharingien.) Cette question reste ouverte, faute de convictions établies sur la permanence à long terme d'un modèle national de gestion de l'espace. Néanmoins, nous continuerons à privilégier l'idée d'une culture politico-technique nationale dominante, au moins à moyen terme, pour en dégager nos questions vives.

Quelles organisations spatiales pour le tertiaire ?

On peut se demander si les centres historiques continueront à jouer un rôle dominant dans les processus d'accumulation foncière, processus qui sont au cœur de la constitution des patrimoines et des pouvoirs des grands acteurs du secteur tertiaire. Sauf exception, l'industrie ne jouera plus qu'un rôle mineur sur la scène urbaine. Le tertiaire noble peut continuer à jouer la concentration et la masse (classicisme saint-simonien) ou, au contraire, évoluer vers un polycentrisme basé sur des centres historiques secondaires exploités "en réseau" (scénario rhénan) ou sur des centres en lointaines "*suburbia*", de taille plus réduite encore (scénario californien).

Quelles organisations spatiales du tertiaire vont, dans chaque région, émerger sous les forces contradictoires des innovations (techniques, politiques) et des patrimoines (économiques, politiques...) ? C'est une première question, capitale, non seulement pour la mobilité domicile-travail, mais aussi pour les autres mobilités, car elle conditionne largement les grands équilibres entre modes de transport et géographie de la congestion.

Quelles politiques de grandes vitesses urbaines ?

La vitesse des déplacements urbains n'a, on l'a vu, jamais cessé de croître au cours des décennies passées. La recherche d'une vitesse toujours croissante doit, dans une logique désormais durable de concurrence économique et dans une société de plus en plus marquée par la vitesse des échanges immatériels, se poursuivre dans l'avenir. En fonction des organisations spatiales tertiaires qui seront les plus efficaces, quelle politique de réalisation de grandes vitesses urbaines sera privilégiée ?

Dans le scénario californien, c'est le réseau maillé routier et autoroutier qui doit suivre l'énorme expansion périphérique (surtout en rocades lointaines). Dans le scénario rhénan, c'est l'échelon régional qui doit voir ses performances s'améliorer. Dans le scénario saint-simonien, la massification des centres historiques et leur tertiarisation reposent sur la construction de deux réseaux rapides complémentaires : un réseau de transport en commun à vitesse élevée (30 à 50 km/h selon la taille de l'agglomération) et un réseau d'autoroutes souterraines à fluidité maintenue par un péage d'accès élevé, destiné à en réserver l'usage à des activités professionnelles de haut niveau.

Écologie urbanophobe ou écologie urbanophile ?

Va-t-on vers une écologie urbanophobe (comme dans quelques pays anglo-saxons) ou urbanophile (comme dans certains pays européens) ?

– La plus courante est urbanophobe. Elle peut conduire, avec d'autres facteurs au rang desquels il faut placer l'émiettement communal et la grande disponibilité de terrains en grande couronne, vers une urbanisation très diffuse de type californien, soutenue par le goût de la maison individuelle et le "désir de distance" entretenu à l'encontre d'une sphère urbaine en crise.

– La plus progressiste est urbanophile : elle professe que la crise urbaine est non permanente et que l'on pourra être heureux "en ville". Caractéristique du scénario rhénan, la ville garde une image positive de quiétude sociale, d'investissements qualitatifs et d'une culture technique traditionnaliste.

On voit moins bien où peut se situer le scénario saint-simonien, face aux exigences écologistes : une ville monocentrée, à fortes densités, à puissants systèmes circulatoires, paraît "aberrante" dans le corpus des valeurs écologiques. En clair, ce n'est pas demain que Paris, Tokyo et New York deviendront la tasse de thé des Verts, même si la technique (souterraine) permet de lever quelques oppositions écologistes. Si l'écologie se structure durablement d'un point de vue politique, quel avenir auront les thèses saint-simoniennes encore dominantes dans la culture des transports urbains ? C'est une question, aussi banale que réelle, de première grandeur.

Quelles régulations par les prix ?

Peut-on réellement lutter contre la sous-tarification généralisée (tous modes de transports et tous déplacements) et relancer sur des bases un peu assainies le développement des infrastructures urbaines ? Des forces indépendantes mais convergentes plaident pour une telle orientation, mais sur des registres divers : les libéraux semblent soucieux de réguler l'explosion de la demande par les prix, en bref de rendre plus visible à l'usager le prix du temps, perdu ou gagné ; les environnementalistes mettent en avant les coûts sociaux (insécurité, bruit, pollutions locale et globale) engendrés par les circulations ; enfin, des pools associant des entreprises de travaux publics, des exploitants routiers et des groupes bancaires proposent des solutions *ad hoc*. L'idée de lutter contre la sous-tarification se heurte pourtant à une sorte de mur du court terme : les effets sur d'éventuelles moins-values foncières, sur les coûts de transport des plus défavorisés, sur l'indice des prix à la consommation, font craindre le pire aux responsables politiques. De petits pas pourront être faits avec l'érosion des capacités de financement public, de plus grands seront accomplis si des dégradations de qualité de service se produisent. C'est alors que le choix d'un modèle s'imposera.

Dans la logique saint-simonienne, la sous-tarification peut être contournée par le développement d'infrastructures accessibles moyennant tarif ou péage élevé garantissant une qualité de service tout en soulageant temporairement le réseau "banalisé"... et les finances publiques. On peut aussi esquisser une variante plus intermodale à l'instar de Goodwin : réguler la demande routière par les prix et affecter une partie des ressources au développement des transports publics.

Dans le modèle californien, les effets de la sous-tarification sont combattus par l'accentuation d'un polycentrisme déjà ancré dans les mœurs : les communautés édictent des règles dissuadant la création sur leur territoire de nouvelles activités, ou en soumettant l'autorisation à des "bricolages" (programmes de *car-pool*, de temps flexible, paiement du parking par les employés, télétravail...) taillés sur mesure dans chaque corridor. L'action publique, relayant l'action privée, envisage de plus en plus systématiquement des voies réservées aux véhicules à forte occupation sur les nouvelles infrastructures. L'avenir des transports publics est en revanche plus imprévisible, quelques réalisations "haut de gamme" réalisées avec l'appui des lobbies antipollution cohabitant avec des services à vocation sociale très affirmée.

Dans le scénario rhénan, les espaces de convivialité centraux (de quelques dizaines à quelques centaines d'hectares) sont avant tout identitaires. Ils échappent autant à la logique de prix que la fontaine décorative au centre de la place, et l'approche normative (zones piétonnes, zones à trafic calmé, préférence au tramway non polluant sur le bus...) prime sur l'approche par les prix. Ce modèle, coûteux pour les finances publiques, n'est pas porteur de lutte contre la sous-tarification. La situation se présente différemment pour "l'interurbain de proximité", là où les tensions risquent de se développer et où le développement d'autoroutes est limité par la pression écologiste. Ces problèmes plaident d'une part pour le soutien au développement de transports ferroviaires régionaux, et éventuellement pour le développement de péages sur les réseaux autoroutiers (ce qui a été évoqué aux Pays-Bas, mais rejeté), avec les combinaisons possibles d'allocation croisées des ressources évoquées dans la variante saint-simonienne.

Quelles conséquences de l'essor des échanges immatériels ?

Il est coutumier, dans le secteur des transports, d'évacuer le problème. Le raisonnement s'appuie sur l'observation de la croissance maintenue des échanges matériels, alors que l'explosion des échanges immatériels se poursuit. On en déduit qu'aucune "substitution" ne se produit et qu'en conséquence les deux secteurs, plus complémentaires que concurrents, poursuivront leurs croissances en toute indépendance bien qu'à des rythmes différents. Le raisonnement paraît hasardeux à long terme : nous entrons dans une époque où les activités sont influencées par les télécommunications et par des effets de réseau ressortissant de logiques interentreprises à l'échelle parfois mondiale, parfois européenne. Les grands secteurs traditionnels dans la formation de la centralité urbaine (banques, assurances, etc.) peuvent évoluer beaucoup plus rapidement qu'ils ne l'ont fait dans le passé. C'est à partir des nouvelles logiques d'organisation de ces secteurs, parallèlement à celles des fonctions d'éducation et de formation, qu'il faudra se reposer la question de l'effet spatial de ces logiques et à partir de cet effet spatial, de son effet "mobilité".

Les télé-activités personnelles, de leur côté, peuvent à long terme modifier les activités effectuées au domicile. Une nouvelle problématique d'étude des mobilités vient compléter la vieille problématique de la géographie du temps (type Hagerstrand). Les lieux d'activités n'y sont plus considérés comme invariants exogènes mais plutôt comme objets d'un arbitrage fondamental entre la sphère résidentielle et la sphère du bureau.

Les acteurs économiques du secteur tertiaire se saisiront-ils des opportunités nouvelles offertes par les télécommunications pour renforcer leur compétitivité par une flexibilité accrue et des aires de marché plus larges... ouvrant la voie aux télé-activités ? Si la réponse est positive, il y a lieu de penser que la "substitution" des télécommunications aux transports pourra être reconsidérée, avec comme objet intermédiaire la question, à nos yeux essentielle, de l'avenir des centres historiques.

1 L'expression est du bureau d'études Euréquip.

2 En puisant notamment dans les travaux du réseau Nectar de l'European Science Foundation que nous avons initiés ou auxquels nous avons participé.

3 Au sens de Popper. Voir *la Société ouverte et ses ennemis*, le Seuil, 1979.

4 Les études d'allocation du temps ont été développées dès les années soixante à l'initiative du chercheur hongrois A. Szalaï. C'est un Américain qui a travaillé pour le Department of Transport (DOT) américain et la Banque mondiale, Y. Zahavi, qui centrera l'analyse des questions de transport autour des notions de budget.

5 J. Newman et P. Kenworthy, *Cities and Automobile Dependance*, Gower, 1989.

6 Voir, par exemple, "Personal Mobility in the United States", A.T. Reno, in *A Look Ahead Year 2020*, TRB Special Report 220, 1988. Le développement spectaculaire des "*edge cities*", sortes de villes nouvelles spontanées, situées entre 50 et 100 kilomètres des grands centres urbains traditionnels, devrait encore confirmer la tendance (voir J. Garreau, *Edge Cities : Life on the New Frontier*, Doubleday, 1991).

7 M.V. Maarseveen et M. Kraan, *A Comparative Analysis and Reconstruction of Mobility Developments in EC Countries*, Colloquium Vervoersplanalogish Spenwerk, Rotterdam, 1991.

8 Les distances au travail des femmes sont plus faibles que celles des hommes, dans tous les pays.

9 Nous avions montré (*Aménager l'espace et maîtriser l'énergie*, INRETS, 1984) que les "périurbains" parcourent des distances deux à trois fois plus élevées que leurs homologues des villes centres. Bénéficier des salaires (plus) élevés de la ville et des coûts résidentiels (plus) faibles de la campagne se fait au prix de l'augmentation de la demande de transport.

10 Nous utilisons volontairement ce terme, ne serait-ce que pour rappeler que diverses catégories ne se retrouvent pas nécessairement dans cette évolution, qui exprime néanmoins la tendance de fond de la société française.

Le groupe de prospective n° 3 "Transports"

Le programme de recherche mené par le groupe de prospective "Transports" ne repose ni sur une méthodologie prospective, ni sur une problématique globale de l'espace et de la société ni, bien entendu, sur la suite à donner à des recherches en cours. Il est délibérément construit sur un effort de repérage des évolutions et difficultés que pourraient connaître les transports de demain et qui impliqueraient fortement l'espace. Cette réflexion a été menée par un premier groupe de travail dans lequel ont pu être confrontés des points de vue complémentaires : celui de l'administration centrale (Philippe Ayoun), celui des services extérieurs de l'État (Alain Plaud), celui des collectivités territoriales (Georges Consolo), celui des autorités organisatrices des transports collectifs (Michel Burdeau), celui de "Bruxelles" (Jean-François Drevet) et, bien sûr, ceux de la DATAR (Bertrand Looses) et de l'universitaire (Alain Bonnafous).

De ce repérage des évolutions et dysfonctionnements possibles des systèmes de transport et de leurs implications spatiales dérivaient tout naturellement des exigences de connaissance. Certaines sont convenablement satisfaites, d'autres relèvent de programmes de recherche en cours. Le restant a constitué le programme de ce thème "transports" et a donné lieu à un appel d'offres lancé à l'automne 1990. Le groupe initial a été élargi à la configuration présentée ci-dessous pour sélectionner les réponses et suivre les travaux engagés. François Plassard s'est joint à Alain Bonnafous pour en assurer l'animation scientifique et Bénédicte Vulin a pris en charge le secrétariat scientifique du groupe.

Cet ouvrage est le fruit de cette sélection sur appel d'offres et de la plupart des recherches qui en ont résulté. Pour des raisons d'homogénéité, quelques-unes n'alimenteront que la prochaine édition qui s'appuiera également sur les travaux entamés en 1992. Elle aura un caractère moins général et moins méthodologique que celle-ci et sera plus ancrée sur des terrains précis, qu'il s'agisse de l'arc nord-est français ou du jeu des acteurs territoriaux. Elle sera également enrichie des travaux d'un séminaire organisé autour du comité scientifique du thème transport et des chercheurs impliqués dans le programme, mais qui sera largement ouvert.

Composition du groupe

Philippe Ayoun, Direction des transports terrestres.
Alain Bonnafous, Laboratoire d'économie des transports (responsable du groupe).
Michel Burdeau, Union des sociétés d'autoroutes à péage.
Olivier Chantrel, Association ouest-Atlantique, DATAR.
Georges Consolo, Services de la région Rhône-Alpes.
Jean-François Drevet, Commission des Communautés européennes, direction générale XVI.
Raymond Fichelet, Laboratoire central des Ponts et Chaussées.
Gérard Halaunbrenner, Commissariat général du Plan.
Philippe Laville, Commissariat général du Plan.
Bertrand Looses, chargé de mission, DATAR.
François Plassard, Laboratoire d'économie des transports (responsable du groupe).
Alain Plaud, directeur départemental de l'Équipement.
Bernard Robert, chargé de mission, DATAR.
Claude Rousseau, chargé de mission, DATAR.
Franck Scherrer, Délégation à la recherche et à l'innovation, ministère de l'Équipement, du Logement et des Transports.
Jack Short, Conférence européenne des ministres des Transports.
Bénédicte Vulin, Laboratoire d'économie des transports (secrétariat scientifique du groupe).

Table des matières

Extrait du catalogue
Éditions de l'Aube

A CHENG, *Perdre son chemin*
A CHENG, *Chroniques*
Alexandre ADLER *et alii*, *Le court vingtième siècle, 1914-1991*
Idriss AL'AMRAOUI, *Le paradis des femmes et l'enfer des chevaux*
Eric de ARA GAMAZO, *Graffiti'Art — Pochoirs politiques*
Alain BADIOU, *D'un désastre obscur — Droit, État, Politique*
Yves BARELLI, *La Révolution de velours*
Wolf BIERMANN, *Moi aussi, j'ai été à la Stasi*
Wolf BIERMANN, *Seul celui qui change peut rester fidèle à lui-même*
Adam BIRO, *Précis de musique charnelle* (coéd. Zoé)
Fernando BUTAZZONI, *Le tigre et la neige*
Karel ČAPEK, *Entretiens avec Masaryk*
Gérard CHALIAND, *Voyage dans vingt ans de guérillas* (coéd. Boréal)
Jean-Marie CHAUVIER, *URSS : une société en mouvement*
Paul CHEMETOV, *La fabrique des villes*
Shalom COHEN, *Inchirah*
Ernst-Robert CURTIUS, *Essai sur la France*
DUONG Thu Huong, *Histoire d'amour racontée avant l'aube*
Friedrich DÜRRENMATT, *Pour Václav Havel* (coéd. Zoé)
Ali ERFAN, *Le dernier poète du monde*
Ali ERFAN, *La route des infidèles*
Martin GILBERT, *Atlas de la Shoah*
Denis GUÉNOUN, *L'exhibition des mots — Une idée (politique) du théâtre*
Václav HAVEL, *Interrogatoire à distance*
Václav HAVEL, *Quelques mots sur la parole*
précédé de : André GLUCKSMANN, *Sortir du communisme, c'est rentrer dans l'histoire*
Václav HAVEL, *L'amour et la vérité doivent triompher de la haine et du mensonge*
Václav HAVEL, *Lettres à Olga*
Václav HAVEL, *Méditations d'été*
Václav HAVEL, *L'anatomie du gag*
Ludwig HOHL, *Le petit cheval*

Hanna JOHANSEN, *Retour à Oraïbi* (coéd. Zoé)
Julian KAWALEC, *Au soleil*
Jean KÉHAYAN, *Mes papiers d'Arménie*
Eda KRISEOVÁ, *Václav Havel — la biographie*
Rudolf KUNDERA, *Œuvre peint*
Philippe LACOUE-LABARTHE et Jean-Luc NANCY, *Le mythe nazi*
Madeleine LAMOUILLE, *Pipes de terre et pipes de porcelaine* (Souvenirs publiés par Luc Weibel) (coéd. Zoé)
Bernard LE BOVIER DE FONTENELLE, *Entretiens sur la pluralité des mondes*
Mohamed LEFTAH, *Demoiselles de Numidie*
Merab MAMARDACHVILI, *La pensée empêchée*
Chrònis MISSIOS, *Toi au moins, tu es mort avant*
François MITTERRAND, Václav HAVEL, *Sur l'Europe*
Alberto MORAVIA, *Cosma et les brigands*
Jiří MUCHA, *Au seuil de la nuit*
Ivan NAGEL, *Autonomie et grâce. Sur les opéras de Mozart*
Vítězslav NEZVAL, *Rue Gît-le-Cœur*
NGUYEN Huy Thiêp, *Un général à la retraite*
Jean-Louis PARISIS, *Une ville en fuite, Marseille, 1940-1942*
Victor PASKOV, *Ballade pour Georg Henig*
Victor PASKOV, *Allemagne, conte cruel*
Karel PECKA, *Passage*
Karel PECKA, *Le carré d'honneur*
Léonide PLIOUCHTCH, *Réponse à Alexandre Soljénitsyne*
Prague 1991, *Assises de la Confédération européenne*
Négovan RAJIC, *Les hommes-taupes*
Angelo Maria RIPELLINO, *Chroniques pragoises*
ROUBEN, *Mémoires d'un partisan arménien*
Valerie RUSU (Textes rassemblés par), *Éloge du village roumain*
Emilian STANEV, *L'Antéchrist*
Beat STERCHI, *La vache*
Tzvetan TODOROV (présentés par), *Au nom du peuple — Témoignages sur les camps communistes*
Stefan ZWEIG, *Le Brésil, terre d'avenir*

Achevé d'imprimer en avril 1993
sur les presses de l'imprimerie Robert,
116, bd de la Pomme,
13011 Marseille,
pour le compte des éditions de l'Aube,
Le Château, F-84240 La Tour d'Aigues

Cartes et graphiques réalisés
par la société Équipage, 92100 Boulogne

Numéro d'édition : 125

Dépôt légal : avril 1993

Imprimé en France